STAP細胞に群がった悪いヤツら

小畑峰太郎
Minetaro Obata

新潮社

はじめに

二〇一四年一月二八日、STAP細胞発見の記者会見に臨んだ小保方晴子にマスコミは沸いた。いささか常軌を逸した、はしたないほどの騒ぎかたで、マスコミが売れると踏んだときの本性をむき出しにした「欲情」ぶりが、ひどく見苦しかった。

私が、本書を著す契機となった月刊誌「新潮45」への連載は、記者会見の翌日、編集部に、「あれは科学的偉業の発見としてはまったく不可解な発表のされ方で、小保方という研究者にはどこか胡散臭さが付きまとう。佐村河内守の贋作騒ぎと似た臭いがする。調べるから、書かせて欲しい」と相談したことに端を発する。

私は周囲の友人知己に「あれはおかしい」と触れ回ったが、当初、ジャーナリストやノンフィクション作家は皆、怪訝そうな顔をするだけであった。むしろ科学者、医者、宗教学者に勘の鋭い者が多くいて、私と同じ見立てを共有した。

「おそらく、そう遠からず、たいへんな騒ぎになる。小保方という女性は、とても科学者の顔つきではない」

新聞・テレビの内実の伴わない、浮ついた「報道」ぶりを横目に、早くも二月にはソーシャルネットワークサービス（ＳＮＳ）の世界で、ひそかに小保方の論文に疑義が呈され始めていた。科学コミュニティでは、ＳＮＳの利点を最大限に使った「真理探究」が始まっていたのである。私のニュースソースの多くは、このＳＮＳ社会で意見・分析・見立てを発表した人々との交流の賜物といっても過言ではない。中には、後に本当に小保方サイドの論拠を完膚なきまでに突き崩してしまったような最前線の研究者も混じっていたのである。

ＳＴＡＰ論文をめぐる事態は急激に変転していく。ノーベル賞も夢ではないと囃された小保方は姿を隠し、関係者は口をつぐんだ。

結局、科学の常識を覆す世紀の大発見はアカデミズム史上最悪のスキャンダルと化していった。そして、一連のプロセスを取材する中で、私には「小保方騒動」は実は目くらましに過ぎないということが見えてきた。事件の背後には巨額の国家予算を奪い合い、市場を使った錬金術を目論んだ科学者、官僚、金融マンの暗闘があった。彼らの動きを検証し、その金脈、人脈の実態を告発することの方が遥かに重要なのではないかと思えてきたのである。

こうした状況と並行して半年に亘り連載した雑誌原稿を改稿・整理してまとめたのが本書である。雑誌連載の性質上、どんなに見直してもいささか重複した記述が散見されることは避けられなかった。しかし、論文捏造事件がサイエンスという一般読者には分かりにくい分野で起こったことを考えるなら、これくらい説明を重ねた方が理解しやすいとも考え、あえてそのままにした部分もある。

第七章「そもそも『STAP細胞論文』とはなにか」が、話の性格上、他の章とは筆致が異なり、かなり解説的な記述となっているのもそのためである。その点、読者諸賢の御理解を賜りたい。

＊文中敬称略、肩書き等は原則として当時のままとした。

ＳＴＡＰ細胞に群がった悪いヤツら　目次

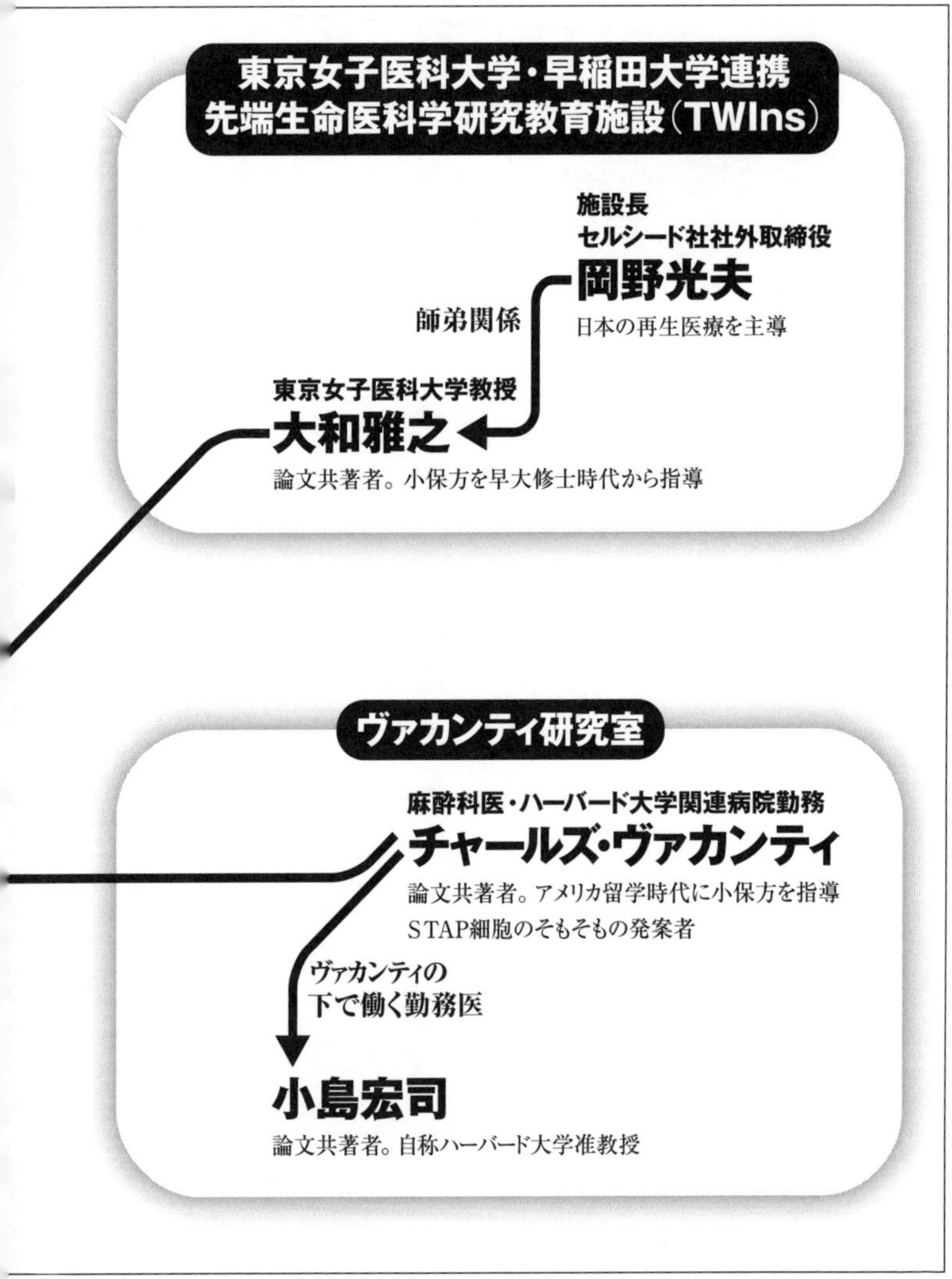
東京女子医科大学・早稲田大学連携
先端生命医科学研究教育施設（TWIns）
施設長
セルシード社社外取締役
岡野光夫
日本の再生医療を主導
師弟関係
東京女子医科大学教授
大和雅之
論文共著者。小保方を早大修士時代から指導
ヴァカンティ研究室
麻酔科医・ハーバード大学関連病院勤務
チャールズ・ヴァカンティ
論文共著者。アメリカ留学時代に小保方を指導
STAP細胞のそもそもの発案者
ヴァカンティの
下で働く勤務医
小島宏司
論文共著者。自称ハーバード大学准教授

STAP細胞論文捏造事件発覚当初の人物相関図

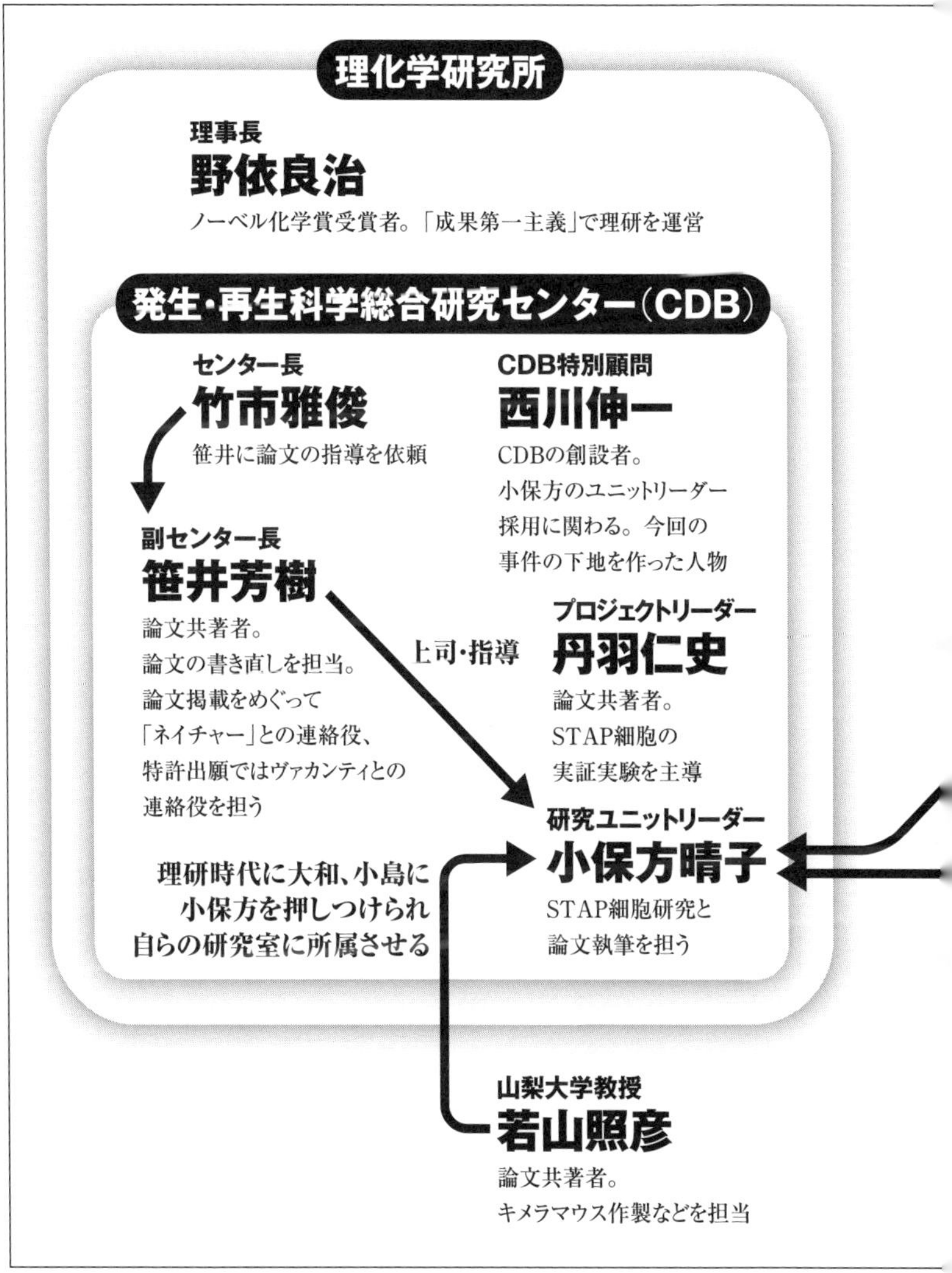
理化学研究所
理事長
野依良治
ノーベル化学賞受賞者。「成果第一主義」で理研を運営
発生・再生科学総合研究センター（CDB）
センター長
竹市雅俊
笹井に論文の指導を依頼
CDB特別顧問
西川伸一
CDBの創設者。
小保方のユニットリーダー
採用に関わる。今回の
事件の下地を作った人物
副センター長
笹井芳樹
論文共著者。
論文の書き直しを担当。
論文掲載をめぐって
「ネイチャー」との連絡役、
特許出願ではヴァカンティとの
連絡役を担う
上司・指導
プロジェクトリーダー
丹羽仁史
論文共著者。
STAP細胞の
実証実験を主導
研究ユニットリーダー
小保方晴子
STAP細胞研究と
論文執筆を担う
理研時代に大和、小島に
小保方を押しつけられ
自らの研究室に所属させる
山梨大学教授
若山照彦
論文共著者。
キメラマウス作製などを担当

カバー写真　毎日新聞社／アフロ
図版作製　ジェイ・マップ
装　　幀　新潮社装幀室

ＳＴＡＰ細胞に群がった悪いヤツら

プロローグ　前哨戦——それぞれの事情

岡野と大和の事情

二人の出会いが始まりだった。

一九九八年、岡野光夫・東京女子医科大学教授は人を探していた。当時、岡野には組織工学の研究費に年間一億五〇〇〇万円の予算が、文部科学省が所管する日本学術振興会の未来開拓学術研究推進事業として、五年にわたって付く予定なのであった。私大である早稲田大学理工学部出身（工学博士）の岡野にこれだけの予算が付くには訳がある。岡野と同じ生体工学を研究する京都大学教授の筏義人《いかだよしと》は、専門分野も岡野と同じ高分子であり、岡野を高く評価していたからである。当時はビニロンなどの繊維開発を主とする高分子研究は盛りを過ぎており、少子高齢化社会の到来を控え生体内のバイオマテリアル（生体材料）の研究が主となると、筏も岡野同様に考えていたのである。
他人の臓器を移植する場合、拒絶反応や手術の難しさ、臓器提供者が待機者に比べて遥かに少ないことなど、問題があまりにも多い。仮に難病患者に対し、補助的に人工細胞を用いて、自己の臓器の機能を維持出来たとしたら——大いに有望な医療技術となる可能性は高いと筏と岡野は考えていた。筏が委員長を務める日本学術振興会の未来開拓学術研究推進事業として予算を岡野に配分したのも、高分子研究の新たなフィールドとしての組織工学に期待してのことだったろう。筏が高分子研究の将来像を組織工学へ、そして再生医療に発展させる計画を考えていたのは、彼が九八年に京大の再生医科学研究所初代所長に就任した点でも明らかだった。一方、岡野に対する筏の期待の大きさは、筏が一九九二年に会長に就任した日本バイオマテリアル学会で、岡野が同年に日本バイオマテリアル学会賞を受賞した点からも窺える。七九年に岡野が東京女子医科大学医用工学研究施設助手に奉職して以来、初めての大きな学術的な受賞である。

しかし、岡野には悩みがあった。自らは工学の高分子研究を専門とするが、生化学の研究が出来る人材がいないのである。そこで岡野は当時懇意にしていた東京大学の林利彦教授に相談を持ちかけ、紹介されたのが林の弟子筋に当たる大和雅之だった。大和は東京大学出身の理学博士だが、本郷の理学部ではなく、駒場の基礎科学の出身という異色の人材だった。駒場の基礎科学は学際的な側面を多くもっていて、林もコラーゲン研究を行いつつ、組織工学の将来性に気がつき、細胞をコラーゲンのゲルの中で増殖させ人工真皮が作れないか模索していた。大和は、博士号を取得した後に日本大学薬学部に助手として籍を置きながら、コラーゲンの研究を続けていた。しかし、日大でのコラーゲン研究について、大和は実用化の可能性が低いと見極め、別の研究の方向性を考えていた。後に親しい仲となるチャールズ・ヴァカンティ医師が「サイエンス」に投稿した組織工学の記事に興味を覚えたのもその頃のことだという。

これは大和のユニークな個性に由来する。彼は東大在学当時から現代思想に哲学と科学を融合させたような論考を投稿していた。もともと、哲学と科学のどちらを研究するか迷いつつ進学した大和は、駒場の基礎科学という学際的な学科を選んで進んだ。日本でも人気の高い米国のノーベル賞物理学者リチャード・ファインマンが好きだった大和は、映画「ブレードランナー」を見て衝撃を受ける。遺伝子工学で人造人間（レプリカント）を作ってしまうという発想に強く惹かれたのである。そのSF的世界を自らの手で作出できないのかという野心を密かに持つに至ったようである。

ここには重要な分岐点が隠されている。ファインマン物理学の教科書を読んで、サイエンスの面白さに気付いたと大和は話すが、一般人がファインマンの本を注意深く読んでみれば、ファインマンは世界に存在する物理法則の面白さとその展開について語っているのであり、彼が世界を操る物理法則そのものを作り出したわけではないことに直ぐ気が付くだろう。新しい法則や法則同士に整合性をもって説明出来る理論を見出すことはできるが、人間は法則そのものを作り出すことは出来ない。しかし新しい法則を見出し、その法則に則った新しい応用を技術分野に適用することが出来れば、新しい技術が生まれる可能性もある。この後段だけを見るなら、人間は驚くべき技術を生み出すことが出来ると考えられるが、大和は特にこの部分に興味を持ち触発されたと考えられる。彼が持つ、けれん味の強い演出家的な性格も深く作用したと思われる。

いずれにせよ、日大での研究では技術化の道は遠く、いつか倦んでいた大和にとって、組織工学をともに研究したいという岡野の申し出は、渡りに船だったのだろう。大和は一九九八年に東京女子医科大学医用工学研究施設の助手として採用される。

岡野は、一九九九年に女子医大医用工学研究施設の施設長に就任し、更に研究を推し進めて行く。彼には強い持論があった。工学には面白い技術があるのに、再生医療という分野になってしまうと、ことは医学の範疇に入り、医学の研究者は工学の技術を使いこなすことができない。再生医療に関しては、工学と医学が連携すべきであり、特に技術的知見を最大限に生かすためには、工学の研究者がこの分野を強力に牽引すべきであるという持論である。これには筏も強く共感した。岡野が施設長に就任する前年の九八年、京大でも再生医科学研究所を開設し、初代所長に就任している。そして、その同じ年、医科学研究所に教授として最年少で就任した笹井芳樹が、どんな組織にも分化しうる万能細胞の一つであるＥＳ細胞（胚性幹細胞）の研究を始めている。再生医療が社会的に注目され始めた時期だった。

岡野には更なる独自の野望があった。仮に技術が確立しても、産業化されなければ意味がない。「産業化」こそ、この新分野における自らの最大の課題であるという強迫観念にも似た思いが、岡野を魅了していたのだ。岡野は、「産業」自体を自らの手で作ってしまう思い切った行動に出る。二〇〇一年、セルシードという会社を自ら設立し、取締役に就任したのである。同社の目的は「細胞シート」を開発し、それを普及させることだった。

細胞シートとは、患者から採取した細胞を培養、増殖させてシート状にしたものだ。それを患部に貼って治療に用いると、拒否反応などが少ないため劇的に治癒が進むという、いわゆる再生医療の一種だが、この時点では実用化を目指して研究が進められている段階に過ぎなかった。それでも、岡野は産業化を急いだ。この性急な姿勢にはおおいに疑問を感じざるを得ない。

自ら開発した技術を逸早く普及させたいと考えるのは技術者の常ではあるが、しかし再生医療という分野の特性上、未知数の副作用については慎重に対応しなくてはならない必然性も存在する。これを岡野は、過小に評価していた可能性がある。

岡野が持つ「新技術の逸早い普及」というテーゼは、大和も同じ意見であった。生物を人工的に作り出してみたいと考える大和にとって、実験、治験、厚生労働省の承認というハードルは旧弊的制度に思えても不思議はない。ただこのルールを守らなければ産業化の道が閉ざされる以上、大和は岡野の下で実務的才能を発揮し始める。再生医療を実現するためには何が現実的な道筋かを真剣に考え始めたのである。

経済産業省が所管する独立行政法人・産業技術総合研究所による「医療費増大に対する施策としては、医療を経済に組み込めばよい」というアプローチが、大和には魅力的に映ったであろう。彼はそこに活路を見出した。つまり産業の一つとして医療を考え、産業としての規制を当て嵌めて考えれば良いのではないかという見方に至ったわけである。確かに医療に対する規制のハードルに比べて、産業（経済）に対する規制は相対的に低いといえる。これは身体や安全に対する規制に比して、経済に対する規制は多少甘くてもよいという日本の伝統的な考え方に基づくものである。経済に対する規制が緩やかで、その規制の在り様が社会に何らかの弊害をもたらした場合、事後に経済的に救済することは可能である。したがって、国民がそう望むのであれば、経済規制は緩やかな状態にしても、不可逆的な問題とはならないからである。

しかし、この観点は誤りを含んでいる。産業化の有無にかかわらず、医療は医療であり、身体に対する安全性を考慮するなら、規制の必要性が高いのは当然といえる。産業化した時のメリット（コストの削減）をいくら唱えても、デメリットの問題、すなわち重大かつ不可逆的な影響に対して誰も責任を取れない以上、こと医療分野においては、産業化のために規制を緩やかにせよという議論は本末転倒である。医療に対する規制のハードルは高めるべきなのだ。

大和はこの視点を岡野同様に失念したか、あるいは意図的に軽視していた。必要な法律の改正や、特区などの制度の研究、会社の運営方法まで大和は独自に学んで行く。医療フィールドにおける主務官庁（経済産業省、厚生労働省）や、研究予算を握る文部科学省、セルシードの新株発行の割当先である証券会社などの担当者との勉強会も行われていたことだろう。学問と学問の狭間で、新しい世界を作り出そうとしていた官庁の目論みは、自身の希望とも合致しており、二〇〇三年には個性的で多彩な知識を、大和は有するようになっていた。

小保方とヴァカンティの事情

二〇〇八年、岡野は東京女子医科大学・早稲田大学連携先端生命医科学研究教育施設（「ＴＷＩｎｓ」）を設立し、自ら初代施設長に就任した。このＴＷＩｎｓに関しては、知名度が高い早稲田大学と医学部を有する東京女子医科大学とのコラボレーションという思惑があったとされる。

そして、ここにまた一人、岡野と大和と出会う人物が登場する。

二〇〇二年に早稲田大学理工学部応用化学科にＡＯ入試第一期生として入学した小保方晴子である。彼女は常田聡教授の指導の下、東京湾の微生物等の研究をしていたが、修士課程の中途、〇七年に再生医療に突如転身する。大和の指導教授だった林利彦が退職後に奉職した帝京平成大学には、小保方の母親・稔子も学科長として在籍しており、縁があったのだろう。

小保方は生命医科学を専攻し、ＴＷＩｎｓで大和から指導を受け始めた。在籍中に「創造的な研究が出来る」という大和からの肯定的な評価を得た小保方は、研究者の道を歩み始め、大和も奨学金の獲得に必要な推薦を出すなどの支援を行った。

大和の小保方に対する期待は大きく、二〇〇八年には小保方は難関とされる日本学術振興会特別研究員DC1という奨学金（奨励費）を獲得し、同年九月から文科省による大学院生を対象としたグローバルCOEプログラムを利用して短期語学留学の形で渡米。ハーバード大学関連病院のヴァカンティ医師の下で働くこととなる。ヴァカンティは、刺激による細胞の初期化説のアイデアを指導し、小保方も研究を開始する。

ヴァカンティと彼の部下である小島宏司医師、小保方の関係は良好なものだった。ヴァカンティの希望により留学は延長され、留学期間は一年半におよんだ。大和もヴァカンティとの共同研究を想定したと考えられるが、結局岡野や大和自身がインパクトのある研究とされるヴァカンティとの共同研究を行わなかったのは、ヴァカンティの研究がアイデアのみで再現性に乏しいと彼らも認識し、自ら関わり合いを持ち、信用を失う危険性を危惧していたからではないだろうか。事実、二〇〇九年八月に小保方と大和、ヴァカンティは論文をネイチャーに投稿したが、二〇一〇年春に論文はリジェクト（却下）されたという大和本人の話もある（ただし、この論文の存在は未確認）。

若山と笹井の事情

二〇一〇年にアメリカから帰国した小保方は大和、小島とともに、神戸の理化学研究所（理研）発生・再生科学総合研究センター（CDB）の若山照彦に実験の協力を依頼し、同年より小保方は若山と共同でマウス実験を開始する。二〇一一年三月に小保方は博士号を取得し、四月から客員研究員として若山研究室に籍を置いた。同年一一月、小保方が作製したSTAP細胞をもとに若山がキメラマウスを作製したとされ、小保方と若山、ヴァカンティはSTAP論文を二〇一二年四月にネイチャーに投稿したが、論文はリジェクトされた。同年一二月にCDBセンター長・竹市雅俊の依頼により、STAP論文の執筆者に笹井芳樹グループディレクター（当時）が加入する。笹井は京都大学医学部を卒業、同大学院医学研究科の中西重忠研究室に所属後、京大再生医科学研究所を経て、二〇〇〇年、理研に移籍していた。

笹井は、ES細胞の第一線の研究者として、理研で重責を担い、国から四七億円もの研究費を任されている中核的研究者と目されていた。だが、京都大学の山中伸弥教授のiPS細胞（人工多能性幹細胞）が二〇一二年にノーベル賞を受けてから、風向きは大きく変わりつつあった。万能細胞の医療への実用化レースは、iPS細胞にES細胞が大きく水をあけられる結果になっていたのである。

さらに形勢の良くないことに、キリスト教社会である欧米では、受精卵を使用するES細胞研究に対して、倫理面の問題を問う声が日増しに大きくなり、一時はiPS細胞研究に圧倒されていたのだ。山中によってiPS細胞作製技術が樹立され、倫理上の問題がクリアされて実用化の可能性が高いこと、増殖の難しさが課題であったが増殖方法が改善されたこともあり、もはやES細胞研究に、将来的に多額の研究費を要求することは難しい状況にあった。笹井にとっては焦燥を感じざるを得ないような逆風が吹いていたのである。ES細胞に替わる、そして山中のiPS細胞を凌駕するような「何か」を求めていたとしても不思議はない。

同じ頃、岡野が設立し、取締役を務めるセルシードは必要資金に対して手元資金が少ない「継続疑義」のある会社という情報を公開し、倒産の可能性も示唆され始めた。

二〇一三年三月に小保方は理研のユニットリーダーに採用され、再びSTAP論文をネイチャーに投稿した。ユニットリーダーの採用は、通常、公開のプレゼンテーションと質疑応答のセミナーが行われるが、小保方採用のケースは非公開のセミナーと質疑応答のみという極めて変則的な形だった。採用決定は竹市と笹井が所属する人事委員会により行われた。ネイチャーに投稿した論文については、論文の展開や文体などの特徴から笹井が理論構成を行い、また論文を実質的に執筆したことが明らかになっている。また、理研では画期的な研究成果を論文発表する前にはCDB内部でセミナーを行うことが定例だったが、STAP論文ではセミナーは行われず、論文の共著者以外には内容は非開示となった。これには笹井の意向が強く働いたことが判明している。

これが、ＳＴＡＰ細胞論文の発表前夜、主な登場人物が置かれていた状況である。そして、理研、東京女子医大、経産省、厚労省、文科省、セルシード社――それぞれの組織の輻輳する思惑と利権拡張策、自己防衛術が、稀に見る論文捏造事件を生むことになるのである。

第１章　インサイダー疑惑としての「ＳＴＡＰ論文捏造事件」

安否不明の重要人物

神戸市中央区、ポートアイランド。この人工島に林立するホテル上層階からは、たおやかな曲線を描く六甲の稜線を望むことができる。眼下に広がる埋め立て地の一画には、神戸市が一九九八年から整備を進めてきた最先端医療技術の研究開発拠点がある。二〇〇三年には政府の「先端医療産業特区」に認定され、ベンチャー企業の誘致も進んでいる。安倍晋三政権が推し進める産官学による共同研究開発の前哨基地である。

この医療産業都市には、人工多能性幹細胞（iPS細胞）で、目の難病「加齢黄斑変性」の臨床研究を理化学研究所（理研）と共同で行う先端医療センター病院もある。二〇一四年秋には世界初のiPS細胞を使った網膜再生の臨床試験が始まった。

その一角に、理研発生・再生科学総合研究センター（CDB）はある。CDBのA棟四階。「関係者以外立入禁止」の表示がある薄暗い廊下の先に小保方晴子の研究室が、ひっそりと眠っている。主を失った部屋の壁はまだピンクや黄色に彩色を施されたままだろうか。二〇一四年七月には森閑として、ドアは堅く閉ざされていた。

四月、体調を崩し入院している中を、病院の制止も聞かずに自らの潔白を訴えるため記者会見に臨んで以降、小保方の精神状態は思わしくなかった。代理人の弁護士によって公表された小保方の状態は、どうやら一進一退というところらしい。

小保方にはＣＤＢ内に監視カメラ付きの「検証用実験室」が新たに与えられ、二〇一四年一一月末までの期限付きでＳＴＡＰ細胞の再現に取り組むことになった。

早稲田大学の修士課程時代から彼女を指導した大和雅之・東京女子医大教授は、ＳＴＡＰ細胞論文に捏造が囁かれるようになった二〇一四年二月に失踪、その後脳梗塞で倒れている。同年四月に岡野光夫の後任として、東京女子医科大学・早稲田大学連携先端生命医科学研究教育施設（ＴＷＩｎｓ）のもとに置かれている女子医大先端生命医科学研究所の所長に就任したものの、入院加療中の身であるという。その詳細は明かされていないが、大学の広報に文書で質問したところ、「入院加療中。これ以上は答えられない」とのことだった。

岡野と大和――すでに表舞台からは消えた感のある師弟二人だが、私には大和の失踪後の不在が気にかかる。ＳＴＡＰ論文の共著者であるにもかかわらず、今回の事件で、どんな誌紙、テレビ番組にも一度も取材されていないし、登場していない。れっきとした公職についていながら、安否すらはっきりしない。だれも今現在、大和の生存を確かに語ることのできる関係者がいないのである。仮に私が彼の友人なら、警視庁に駆け込んで「大和雅之の命が危ないので、なんとしてでも、彼を保護していただきたい」と訴えるだろう。それほど不可解な状況に大和は置かれている。

そもそも、論文捏造事件の発端は、ハーバード大学の関連病院に勤務する麻酔科医、チャールズ・ヴァカンティの許に集った大和、小保方、小島宏司（ハーバード大学准教授だというが、大学の名簿に名前は見当たらない）にあった。

そこからどのような人間たちが入り乱れてこの事件は用意されていったのか。本章は、STAP論文がどのようにして犯罪のツールと化していったのか、人脈と金脈のミクロから全体像のマクロを俯瞰する試みである。

「経済事犯」

シャーロック・ホームズなら、「これだけ大掛かりで、これほど不完全な犯罪も珍しい」と嗤ったかも知れない。モリアーティ教授なら、「よく考えられた犯罪が持っている美しさが、ここには全く存在しない」と吐き捨てたことだろう。

すべてが場当たり的なのである。理化学研究所の対応。関わった科学者たちの言動。大マスコミの報道も『群盲、象を撫でる』状態にならざるを得ない。

科学の世界に起きたとは思えない非合理性が、事件を覆う。

初めから「ない」ものを「ある」と言い募る小保方。

「ない」と知りつつ「あるかも知れないから今後も有力な研究対象」としらをきる理研発生・再

生科学総合研究センター（ＣＤＢ）副センター長の笹井芳樹。

「そんなこと、どうでもよい。小保方はどうにかするから、笹井は余計なことは言わずに黙っておれ」と言わんばかりの理研。

なぜ、理研は小保方という何の実績もない無名の研究者を雇用し、ユニットリーダーに抜擢したのか。なぜ、笹井のような有能な科学者が小保方のような小娘に籠絡されたのか。

取材した科学者は皆、一様に首を捻る。

「わけが分からない。笹井がどうして簡単に騙されたのか。ＳＴＡＰ論文に乗っかって何かやろうとしたのか。しかしあの杜撰な論文では、遅かれ早かれ化けの皮が剝がれることくらい笹井なら想像できたろうに。理研にしても、竹市雅俊・ＣＤＢセンター長が、『まずいだろう、この女性の採用は』と一言いっておれば、こんなことにはならなかった。分からないことだらけだ」

(京都大学関係者)

説明がつかない訳は簡単である。一見科学の世界で起きた事件だが、背景は思いのほか大きく深いのである。「闇」という手垢にまみれた言葉は使いたくないが、科学者たちは全体のスキームの中では、一個の駒に過ぎなかったことは確かである。

世間からの注目とはうらはらに、小保方はすでに役割を終え泡沫のように消え行くのみというのが実情だ。科学界では再生医療の主導権と予算獲得の闘いという新たな局面を迎えているが、それはこのＳＴＡＰ論文捏造事件という「経済事犯」のスキームとはまた別の物語である。

今回の事件が、科学という一種の「聖域」で起きたことが、本質を摑み難くしている。科学という分野は芸術と同様、大きな金の動く利権とは見られていない。「巨額の研究費」といったところで、道路や橋、箱物を作る「公共事業」に較べれば金額は高が知れていると思われがちなのだ。だが、本当にそうだろうか？

公共事業関係費の平成二五（二〇一三）年度予算を国土交通省の資料で当たってみれば、四兆四八九一億円。その中で、たとえば治水には五九四二億円、道路整備に一兆三二三億円、新幹線に七〇六億円といった具合である。

これに対して平成二六年度の文部科学省予算（一般会計）は五兆三六二七億円。そのうち科学技術予算には九七一三億円が充てられている。今や科学技術予算は急激な上昇カーブを描いて増加している珍しい領域なのである。安倍政権がアベノミクスの「第三の矢」として再生医療分野に目をつけているのも時代の趨勢と軌を一にしている。

現在の日本は、財政において多額の赤字国債を有している。少子高齢化による社会保障費の増大も見込まれている。その結果、財政健全化の必要性が、喫緊の課題となり、当然、公共事業には厳しい目が向けられ、公共事業費は削減される傾向にある。消費税の増税法についても国会で可決成立しており、財政の健全化の必要性は国民意識としても共有されている。この情勢下、従来型の公共事業に関する予算獲得は、国民の反発を招くものであり、暗黙の了解として公共事業予算は削減されている。

しかし一方で、財界などからの公共事業を求める声は大きく、ちがう形で増額される予算が存在していた。その受け皿となっているのが科学技術の研究および振興という分野である。一般に学術研究の発展は望ましいことと受け取られ、国民からの反発も少ないからだ。しかし、研究に際しては建物や設備などの拡充が不可欠で、こうした国家による設備に対する投資は事実上の公共事業として機能している。

これは、科学の発展と経済が結びつく事例であり、公共事業に関する予算が削減される中、唯一の聖域として残った科学技術の研究および振興に関する予算の重要性は飛躍的に増大していくことになった。

「聖域」

言わば国策として、経済の潤滑油さながらに、「聖域」たる科学技術予算が、機能しているのである。

そして、その筆頭格であり、最も多額の予算が存在する分野として、これまでは原子力発電事業こそが、その聖域に君臨してきた。

原子力発電の「推進」に関しての主務官庁は経済産業省であり、「研究」に関しての主務官庁は文部科学省であった。その一方で、規制を行う原子力保安院が経産省に置かれていた。規制に関して、推進する立場の主務官庁の意向が働けば、事実上、規制が骨抜きになる可能性があり、本来なら規制に関しては独立した行政機関の形が望ましいことはいうまでもない。この点は過去に指摘されていたにもかかわらず、設置が実現を見なかったのは異例である。

二〇一一年三月一一日に発生した東北大震災と津波によって連動して起きた福島第一原子力発電所の事故の結果が甚大であり、原子力そのものへの反発の声が大きいことから、科学技術の研究・振興としても原子力発電への国家予算の増額は難しくなっている。新たな「聖域」を探す必要に経産省と文科省は迫られていた。

白羽の矢が立てられた一つに、再生医療研究があった。

安倍政権は、再生医療事業を国家の基幹産業として育成することを経済政策の一つとして掲げている。いわゆるアベノミクス第三の矢として、再生医療研究および推進が挙げられていることは周知の事実である。内閣府にはイノベーション担当の倉持隆雄・政策統括官が存在する。東京女子医大の副学長でＴＷＩｎｓの施設長でもあった岡野光夫は医療系のベンチャー企業であるセルシード社役員でもあるため、「利益相反」の疑いが向けられている。その岡野は再生医療等基準検討委員会の座長も務めており、安倍政権との関わりは深い。

政策統括官の倉持は、文部科学省出身の官僚である。大学で生物化学を専攻し、旧科学技術庁を経て文部科学省では所管する理研の理事、本省の研究振興局局長を歴任している。

理研理事経験のある政策統括官が総理直轄の内閣府にいること、理研が獲得する予算が巨額であることからも、理研と政権の関係は極めて近いといえる。

倉持が内閣府へ異動した二〇一二年には、ほぼ同時に板倉康洋が研究振興局のライフサイエンス課に異動している。板倉は入省後、ライフサイエンス課所属から原子力の研究開発を担当したのち、二〇一二年に再びライフサイエンス課に戻っていることから、文部科学省が原子力研究から再生医療研究に軸足を移したと推測される。

経済産業省の動きも注目される。こちらでも、製造産業局生物化学産業課長に江崎禎英が同時に異動している。江崎はベンチャー企業に対する補助金に関して流動的な運用を高く評価されている人物である。その観点から再生医療に関する制度設計を経済産業省としても予定していたことが明瞭である。ただし江崎は東京大学法学部出身ではない。理科Ⅰ類から教養学部に転部して国際関係論分科を卒業している。辣腕だが、官僚の世界では主流とはいえない異色の寝業師である。

事実、江崎は横断的に厚生労働省、文部科学省、経済産業省の調整を精力的に行う。薬事法を改正し、再生医療新法を成立させている。また、板倉が二〇一二年に作成した「ライフサイエンス研究の推進について」においても、厚生労働省、文部科学省、経済産業省が一体となって再生医療の研究および産業化に取り組むモデルが記載されている。ともすれば、省庁ごとの縦割り行政が常識の世界であり、横断的な政策は得てして調整が困難であることを顧慮すれば、再生医療の研究と産業化にかける厚生労働省、文部科学省、経済産業省の主務官庁同士の積極的な意向が窺える。新薬など、新技術のイノベーションが育成された場合、経済の活性化が容易に予想され、財界の強い要望がこの背景にあったことも事実である。

「ライフサイエンス研究の推進について」では、再生医療研究に関しては、ノーベル賞を受賞した京都大学iPS細胞研究所の山中伸弥教授と並んで、岡野、笹井が挙げられており、文部科学省としても岡野と笹井を重要視していたことが明瞭である。二〇一三年一月、安倍首相が、神戸の理研CDB視察の折にも、野依良治理事長と笹井が主に案内しており、竹市センター長の存在感が薄いことは示唆的である。笹井がクローズアップされるのも、政権として笹井を重要視していたことの表れである。安倍は、同年三月には東京女子医大TWInsも視察している。このときには岡野が案内役を務めている。

再生医療の臨床治験の法整備は二〇一三年一一月に「再生医療安全性確保法」「改正薬事法」が成立し、「確保法」は二〇一四年一一月に施行予定である。前述したように官庁側として江崎が調整し、議員側としては自由民主党の鴨下一郎、研究者側として岡野が調整に当たったとされる。岡野は新技術の普及に積極的であり、産業化を推進するという積極的な姿勢は、政界・学界・官界の代表者のいずれにも際立っていた。

これは、産業イノベーションを重要政策として掲げる安倍政権の意向とも合致し、経済政策の積極性を望む財界の意向とも合致する。しかし、一方では予防措置原則などの慎重性はないがしろにされた感が否めないのは原発と同様だ。推進の利点が強調され、規制の必要性が過小評価されるという構図は、主務官庁である経産省が同時に規制を行い、結果的に重大な事故を招来した福島第一原発事故の構図と奇妙に符合する。研究と産業化という意味で、文科省と経産省が関わる面においても非常によく似ている。

また、安倍政権は「女性活用」「ワークライフ・バランス」の諸政策も掲げており、STAP論文のネイチャー誌発表時には、首相と下村博文文科大臣が、わざわざコメントを発表している。さらに、小保方を総合技術科学会議に参加させる案も真剣に検討されていた。「女性活用」政策の広告塔としての小保方の存在に大きな期待が寄せられていたことが分かる。自民党の鴨下も「象徴的な人になって頂きたい」という趣旨の発言をしている。安倍政権の支持率浮揚策の一環、肯定的なプロモーションとして、小保方に期待する面が政権サイドの思惑にあったことは想像に難くない。これが、STAP論文お披露目の記者会見の異様な演出につながったこと、その後の報道が小保方個人の「リケジョ」としてのクローズアップにつながったことにも影響していると考えられる。

一方、理研と産業技術総合研究所に対して「特定国立研究開発法人」(仮称)に指定する政策が、STAP細胞論文発表と同時期に動いている。指定された法人は、欧米と同水準の高額年俸で研究者を雇用できるとして、理事についても高額年俸を可能とするものである。主に世界的な研究所を創り出す目標が掲げられ、候補として、文部科学省所管の理研、経済産業省所管の産業技術総合研究所が挙げられた。これは高額な年俸を設定できる天下り先の確保という意味で、文科省と経産省の悲願でもあった。だが、巨額の予算を増額する前提には、財政健全化の観点から、財務省が難色を示していた。今回の論文捏造騒ぎで、もちろん二〇一四年秋の臨時国会への法案提出は見送られた。だが、この理研の特定法人化は既定路線であり、ほとぼりが冷めた頃には実現されることだろう。

このように、STAP細胞論文発表時においては、政権側・財界側・主務官庁を中心とした官界側いずれもが、科学と産業の強い結びつきを要望する活動を行っており、科学界もこの流れに乗って膨大な予算の獲得に動いていた。理研は、その最たるものである。当然、理研における再生医療の第一人者である笹井には、動機付けさえ鮮明であれば、これまで以上の予算を獲得する絶好の機会と映っていたはずである。STAP細胞という小保方の米国土産は、その目的を遂げるための素晴らしい動機でありツールであった。

「セルシード」

経済週刊誌「エコノミスト」(毎日新聞社発行)の二〇一四年五月二〇日号に、次のような記事が掲載された。

【「STAP銘柄」にインサイダー疑惑

証券監視委員会も調査に動いているが、しっぽをつかんでいるわけではない。

証券監視委関係者がこう言うのは、小保方晴子氏の「ＳＴＡＰ論文」発表とともに株価が急騰したバイオベンチャー、セルシードにまつわるインサイダー疑惑だ。】

ＳＴＡＰ論文事件を考える上で、東京女子医大副学長そして同大学先端生命医科学研究所所長だった岡野の存在は重要である。二〇一三年四月二〇日に開催されたシンポジウム「ＴＷＩｎｓを拠点とした健康・医療・理工学融合の今後の展望」には来賓として文科省から板倉康洋、経産省から江崎禎英が出席している。安倍政権の医療政策を担う二人である。開会の辞は岡野本人が述べた。

二〇一四年三月で東京女子医大を退職したかたちの岡野だが、再生医療分野での発言力は変わらず絶大である。

【岡野光夫】 昭和二四（一九四九）年生まれ。東京都出身。昭和四九（一九七四）年、早稲田大学理工学部応用化学科卒業。同五一年、同大学大学院高分子化学修士課程修了。同五四年、同大学大学院高分子化学博士課程修了（工学博士）。

岡野が創立したセルシード社とは、どのような会社なのか。

【会社名】 株式会社セルシード

【事業内容】細胞シート再生医療事業、再生医療支援事業
【本社所在地】新宿区原町3の61
【設立】二〇〇一(平成一三)年五月
【取締役会長】長谷川幸雄
【代表取締役社長】橋本せつ子
【取締役】細野恭史
【取締役】(社外)岡野光夫
【取締役】(社外)木村廣道
【常勤監査役】小林一郎
【監査役】(社外)澤井憲子
【監査役】(社外)山口十思雄
【連結子会社】セルシードヨーロッパ(本社ロンドン、英国)、セルシードフランス(本社リヨン)。ともに欧州における細胞シート再生医療医薬品の研究開発

セルシード社の取締役の中で注目すべきは、木村廣道である。

一九七四年三月　東京大学薬学部卒。
一九七九年四月　東京大学大学院薬学系研究科博士課程修了、薬学博士。

一九七九年四月～八六年四月　協和発酵工業㈱医薬事業部　医薬研究開発。
一九八五年六月　スタンフォード大学大学院ビジネススクール修了、経営学修士。
一九八六年五月～八九年六月　モルガン銀行企業買収グループ、バイスプレジデント（副責任者）。〈＊著者注　モルガン銀行は周知の通り、ロスチャイルド系資本の巨大銀行〉
一九八九年七月～九八年三月　アマシャム・ファルマシア・バイオテク㈱、代表取締役社長（九三年一月～）。〈＊著者注　スウェーデンの製薬メーカーが、イギリスの製薬メーカーと合併、放射性化合物メーカーとして有名。GEに買収されGEヘルスケアの一部門となる〉
一九九八年四月～二〇〇〇年七月　日本モンサント㈱、代表取締役社長（九八年一〇月～）。〈＊著者注　遺伝子組み換え作物を日本に輸入するための登録申請業務を行う会社〉
二〇〇〇年七月～〇二年五月　ヒューービットジェノミクス㈱代表取締役社長。〈＊著者注　盛んに第三者割当による新株発行を繰り返した。その意味でセルシードに酷似〉

科学者からビジネスマンに鞍替えした感のある異能の人である。科学を産業化する手腕をスタンフォードで学び、実践をモルガンで叩き込まれ、外資企業で錬金術の要諦を会得したタフでスマートなビジネスマン。日本の科学産業界にはあまりいないタイプだろう。

セルシード社がSTAP細胞と連動して第三者割当を連発しているのは、岡野のアイデアなどではなく、後ろに控えていた木村の知恵だったように思えてならない。その株式の第三者割当の実態について説明していこう。「エコノミスト」が報じたインサイダーの疑いとはどのようなことなのか。

〈一〉概要

本件は株式会社セルシードの株式に関して、インサイダー取引（会社関係者の禁止行為。金融商品取引法166条）が行われたと疑わしい事案と考えられる。

【インサイダーの疑いのある取引】平成二五年八月一三日、第三者割当による第一〇回新株予約権及び第一一回新株予約権（行使価額修正条項付）の発行並びに第三者割当増資引受契約締結。

【インサイダー取引の禁止対象者】セルシード関係者（金融商品取引法166条1項1号）及びUBS AG ロンドン支店（166条1項4号）。

【インサイダー規制となる事実】STAP細胞に関する国際特許（平成二五年四月二四日出願、同年一〇月三一日公開）

STAP細胞に関する「ネイチャー」論文（平成二六年一月二八日記者発表、一月三〇日掲載）。

〈二〉事実関係

セルシードは平成一三年五月に設立され、東京証券取引所JASDAQグロース（7776）に上場した。

主な事業内容は細胞シート再生医療事業及び再生医療支援事業である。

岡野光夫はセルシードの社外取締役であり、二〇一三（平成二五）年六月三〇日当時、セルシードの株式を一・九八％保有していた。岡野は細胞シートの研究者であり、当時東京女子医大副学長及び先端生命医科学研究所所長を務めていた。細胞シート研究に関しては二〇〇九年度より一三年度まで最先端研究開発支援プログラムとして指定され、国より三三億八四〇〇万円の助成を受けていた。

大和雅之は岡野と同じ研究所に所属し、細胞シートの研究を行い、小保方の指導教官として博士論文の指導にあたり、ＳＴＡＰ論文の共著者でもあった。二〇一三年八月当時セルシードの株式も保有していた。

特段の事情

ここからは、セルシードとＳＴＡＰ細胞論文、ＳＴＡＰ細胞特許を並行して時系列で詳しく説明しよう。

二〇一二年四月、小保方と若山照彦・山梨大学教授（当時は理研に在籍）は、ＳＴＡＰ論文を「ネイチャー」に投稿したがリジェクト（却下）されている。同年一二月にＳＴＡＰ細胞の執筆者に笹井が加わった。

セルシード社は、ちょうど同じ一二月末に手許資金が年間必要資金に比して著しく少なくなり、継続企業の前提に関する重要な疑義を生じさせるような状況が存在すると判断、「継続企業の前提に関する注記」（継続疑義）を記載、公開した。つまり倒産の可能性を示唆したわけである。

二〇一三年三月に小保方は、理研のユニットリーダーに採用され、笹井が手を加えたSTAP論文を再び「ネイチャー」に投稿した。この三月から掲載が決定する一二月までの九カ月間は「ネイチャー」側の査読者とリバイス（修正）担当の笹井がやり取りを行い、査読者は笹井に様々なリクエストをしたものと思われる。笹井は論文掲載に手応えを感じていたことだろう。

同年四月二四日には米国で、ハーバード大学関連病院、東京女子医科大学、理研の「連名」で「STAP細胞」の国際特許（PCT特許）が出願された。発明者には、大和、小保方、笹井、若山、ヴァカンティが名前を連ねている。この特許は、PCT（特許協力条約）締約国全てに特許が出願されたと見なす制度であり、各加盟国での実質的な審査は事後的に各加盟国が行うことから、ある発明に関して出願がなされた場合、出願の内容がほぼ公開される仕組みになっている。実際に公開されたのは、一〇月三一日。

一方、この年八月、資金欠如のために倒産の危機に瀕していたセルシード社はUBS証券と新株予約権付き証券発行及び第三者割当増資引受契約を締結し、UBS証券より三四億円余のファイナンスに成功した。一一月には「継続疑義」の情報を抹消した。

このファイナンスの不自然な点は、当時証券発行及び第三者割当契約の対象であった野村證券は契約を結ばず、それまでセルシードと全く関係のなかったUBSが突如引受先となった点である。また、「継続疑義」の情報を開示している企業は、一般論として、担保の提供や債務の保証なしには三四億円もの融資を受けることは難しい。

当時は事業が先行投資段階にあり、当面研究開発費などの投下経費が収益を上回る状況が続く見込みであり、UBSとの契約において、①間接金融（銀行借入）による資金調達は「事実上困難」と考え、②公募増資に関しても、赤字決算が続く現状及び市場情勢から「事実上困難」と記されていることからも、セルシードが倒産の危機にあったことを推認させる。主要事業である細胞シートの実用化の目処も立っておらず、シートを作製するために使う培養皿の販売以外の事業を行った形跡もない。この状況下で、それまで付き合いのない外資系証券会社が三四億円のファイナンスを行うことは、通常考えられない。セルシードの事業に特段の事情がないと行われないと考えるのが常識であり、UBSがファイナンスを行うには、その特段の事情があったものと考えられる。

当時のセルシードが知り得た情報について検討すると、まず四月に出願した国際特許はその性質上、近い将来公開されることを出願人の東京女子医科大学は認識しており、同大学の副学長の職にあった岡野はその事実を知り得たものと考えられる。岡野は同時にセルシードの取締役にあったことから、岡野の知り得た事実はセルシードも知り得たものと考えられる。

論文に関しても、リバイス担当者（笹井）と論文の共著者（小保方と大和）はメールなどを通じて論文の採択の可能性などを共有するのが通常であって、笹井より小保方と大和には「掲載を前提とした追加データのリクエストなど、査読者とのやり取りを行っており、掲載される可能性が高い」という情報は伝達されていたものと考えられる。大和は女子医大の研究所に所属しており、所属長である岡野に対して容易に情報を伝達することが可能であった。

ＳＴＡＰに関する国際特許をハーバード大学関連病院・理研・東京女子医大が連名でＰＣＴ出願していて、近い将来公開されるであろうこと。権威ある商業科学雑誌「ネイチャー」にＳＴＡＰ論文が掲載される見通しであること。以上の情報は、国際特許の出願人、論文の共著者しか知り得ない事実であり、総合的に考えると、ＳＴＡＰ細胞の作製に成功した場合、ｉＰＳ細胞の作製と同等以上のインパクトがある発見であり、その簡易な作製法からして再生医療技術への応用が容易である可能性が高いこと、また、国際特許の出願人である東京女子医科大学は実用化に際しては優先的な立場にあること、同大学に岡野と大和は属しており、特に大和は小保方の指導教官という立場から共同研究を行う可能性が高いこと、岡野は日本再生医療学会理事長であることから、セルシードの細胞シート実用化の可能性はＳＴＡＰ細胞の実現以前より遥かに高くなり、同社の事業の将来性は著しく高まることから、同社経営に関わる重要な情報と推測される。

経営危機に陥っている会社に対し、担保の提供や債務の保証を受けずに、外資系証券会社が三四億円余の投資を行うには、事業の有望性などの「特段の事情」がなければならない。上述した二つの事実は、特段の事情に当たる重要な事実であり、セルシードはＵＢＳに対しこれら情報を提供したものと考えられる。

同年一二月に「ネイチャー」がＳＴＡＰ細胞に関する論文の採択を決定し、二〇一四年一月に論文は掲載された。ＵＢＳは、掲載直後に新株予約権を全て行使し、割当日（二〇一三年九月当時）と行使時の価格差で数億円の利益を得たものと推測される。

国際特許の公開は二〇一三年一〇月三一日であり、論文の「ネイチャー」掲載は翌年一月三〇日である（記者発表は同月二八日）。二〇一三年八月当時はいずれも未公表の事実であった。セルシードの関係者（金融商品取引法166条1項1号）は、インサイダー取引を禁止され、またＵＢＳはインサイダー取引を禁止される契約締結者（166条1項4号）であったと考えられる。

以上により、結論として、二〇一三年八月一三日のセルシード社の第三者割当増資引受契約締結に関しては、インサイダー取引規制の対象となる可能性が高いものと推測される。

最近の経済事件で顕著な事実は、アメリカで考案されたスキームが、一〇年ほど経過した後に日本の経済事案シーンに現れることである。

ＳＴＡＰ細胞論文事件の場合はどうか。

「『特許』と『科学研究』と『インサイダー』を三位一体とする経済犯罪は、アメリカでは既に成立しているスキームです。そのために、アメリカは科学研究の監視に特化した研究公正局を創ったくらいですから。それを丹念に学んだ人間が、悪用すれば、まだ規制が及んでいない日本で行うのは非常に好都合でしょう」（東京大学法学部関係者）

このことに気付いていた者がいても不思議はない。科学者くずれのビジネスマンや反社会的勢力に身を置く弁護士なら、時宜にかなっていると膝を叩いたことだろう。医学界、生命科学研究界、製薬業界、財界も、ある程度は気付いていて不思議はない。

ここまで縷々《るる》のべてきたが、あくまでも客観的事実をつぶさに眺めたとき、「インサイダー取引を行いうる余地があった」という著者の〝見立て〟である。

事実、STAP細胞論文事件をグルリと取り巻く関係者は、驚くほどアメリカのスキームを学ぶことに熱心なのである。医学部卒業の人間が、ビジネススクールに行ってみたり、法学部出身者が分子生物学を学んでみたり、彼らは融合した経歴を持っている。あたかも産官学が揃って「一つの卓越したビジネス・モデル」と見做していた節さえある。

道化

この章の冒頭に記したとおり、ヴァカンティの許に集った日本の科学者三人。小保方は理工学部、大和は教養学部（大学院で理学系）出身、小島は医学部出身だが、同じ再生医学を志す彼らに、ヴァカンティは「分化した細胞でも、ストレスで初期化され万能細胞になる可能性がある」と説いて聞かせた。

彼らはあまりにも生真面目で若く、ヴァカンティの語る万能細胞の夢物語を真に受けてしまった。ここに三人の日本人科学者による小さなスキームが誕生した。ヴァカンティは大和が東京女子医科大学の実力者、岡野の愛弟子で小保方はその大和と師弟関係にあることを知っていた。今は若者だけの小さなスキームだが、「ハーバードの威光」で大きくすることは十分可能だ。ヴァカンティの頭の中にあったキーワードは「産業化」。つまり「金のなる木」という売り文句である。

実際、帰国した彼らを、バイオ・テクノロジーの金看板を下げて、再生医療の産業化を急ぐ東京女子医大の岡野が待ち受けていた。ヴァカンティのアイデアを売り込んだ大和、小島、小保方は、理研の若山にも接近して知遇を得る。若山は、CDBに小保方が入り込むきっかけを作ってくれた。岡野の紹介で若者たちから万能細胞のアイデアを知った大人たちが、次から次へとマネーを生み出すスキームを付け加えて行く。気がつけば、インサイダー取引という経済犯罪スキームまでが巧妙に忍び込まされている。

いつしか、小保方は理研の奥の院、CDBに入りこんで、幹部たちのアイドルと化していた。壁をピンクと黄色に塗られた研究室を与えられ、まるで素人のように慣れない手つきでピペットを持って実験するだけでは足りないと見た笹井は、小保方に割烹着まで着せてしまうのである。マスコミが押しかけ、カメラの放列の中、小保方は道化の役を演じていた。

二〇一四年一月二八日。舞台の幕は上がり、小保方は眩いスポットライトに照らされながら、記者会見に臨むことになる。ＳＴＡＰ細胞論文捏造事件の始まりである。

第2章　栄光と転落——科学の常識を覆す大発見が大スキャンダルへ

割烹着を着た〝不思議ちゃん〟

二〇一四年一月二八日、小保方晴子博士の記者会見が開かれた。英国の有力科学雑誌「ネイチャー」五〇五号（二〇一四年一月三〇日付）に掲載される二編の論文がことの発端である。その模様は、一月二九日のテレビ朝日「報道ステーション」を皮切りに、「生物学の歴史をひっくり返す世紀の大発見」として紹介された。

日付が変わらないうちに、旧知の脳神経外科の臨床医から電話が入った。とても科学的成果を発表する会見になっていない。狐につままれた気分なのだが、どう感じたかと問われる。白衣より動きにくい割烹着を着て実験を行なうことを喧伝する非合理、研究室は黄色とピンクに塗る悪趣味、精密機器にムーミンのシールをべたべた貼る幼児性。上司はよく何も言わないものだ、あんな〝不思議ちゃん〟見たことがないと、私は正直に答えた。

おかしいじゃないか、と脳神経外科医。細胞を酸に漬けると万能細胞に初期化されるという。その酸の濃度も、どんな溶液かも何も具体的に語らず、今回の核心部分、「白血球を弱酸性の溶液に漬けると、受精卵に近い状態にまでさかのぼる」の弱酸性の水溶液について訊かれると「あまいオレンジジュースくらいの」だぞ。オレンジジュースは歯を溶かすほど酸性度が高い。小保方って人は、リトマス試験紙を使って実験を行なう小学生並みの理科知識もないってことだ。もうひとつ。実験室の様子が映っていたが、あれは本当に実験をやってるラボの姿じゃないよ。ラボとしての生活感がまったくない。研究室の棚は試薬もなくスカスカ、机上にはなぜか空の試験管、論文に登場した独ライカ製の二〇年前のアンティークな顕微鏡も見当たらない。いろんな実験室を見てきたが断言できる。あそこでは実験なんか、やってない。

「よく調べてみたほうが、いいぞ」

そう言って総合病院の勤務医は電話を切った。

発見者が妙齢の女性研究者だった話題性が先行し、報道番組からワイドショー、新聞各紙から週刊誌まで、ソチ五輪そっちのけで小保方「祭り」状態となった。理化学研究所は、過熱した報道ぶりに「今後は、小保方が個人的に取材に応じることはない」と取材拒否の姿勢に転じる。「事実とは異なる報道があった」とも理研は言うが、どの点がどう事実とは違っていたのかは明らかになっていない。

小保方は〝真っ黒〟

それから一カ月半も経たないうちに、事態は大きく変化していた。共同研究者の一人、若山照彦・山梨大学教授はすでに「論文の取り下げ」を表明、他の執筆者にも同調を求めていたのである。

決定的だったのは、小保方が「博士論文」（二〇一一年二月）に使用していた写真を「STAP論文」にも使い回している事実が明らかになったことである。それまで「捏造」は、あくまで疑惑として、限りなく黒に近い「グレーゾーン」に留まっていたのだが、その時点で「真っ黒」の烙印が捺されたわけである。

当初、理研は「論文に瑕疵《かし》はあったが、その成果の本質は揺るぎないものと確信している」の一点張りで事態の収束を図る腹でいた。時間が解決すると高を括っていたのである。そして、確かに逃げ切れるはずだった。

しかし、ことここに及んだ以上、理研は論文を撤回し、しかるべき後に、小保方を解雇する方針だったはずである。

だが本来、誰よりも理事長でノーベル賞受賞者・野依良治その人が、引責辞任すべきだった。普段からあれほど研究者の倫理観に五月蝿《うるさ》かった野依である。これほどのかつてない不祥事を、トップが頭を下げただけで水に流せるとは、よもや考えまいと思っていたが、野依はその後も居座り続けたのである。それは驚くべき老醜と言ってよいぶざまな姿だった。

同じ医療の世界に身を置く普通の医者ですら、STAP細胞の実態が分からないと嘆くのが現実である。一般の者には雲を摑むような話であるのも当然である。

ほんらい、朝日新聞やNHKなど、小保方を持ち上げた大マスコミが追跡調査を報告するのが報道の筋だろう。だがどの社とてこの「大問題」に真摯に向き合ってこなかったのが哀しい実情である。NHKは、三月一〇日の夜七時になって、小保方の共同研究者、若山の「論文撤回宣言」という特大スクープをものにしながら、同時に科学文化部の虫明英樹記者は「STAP細胞がなくなったわけではない」と意味不明のコメントだけで踏みこまない。朝日新聞も後手後手に回ってきた。小保方論文を「ネイチャー」に掲載するジャッジを行なったオースティン・スミス英ケンブリッジ大学幹細胞研究所長に同紙の大岩ゆり記者がインタビューを行い、STAP細胞についての最初の印象を聞くと、「これまでの生物学の常識を覆す内容で、非常に驚いたが、CDB（理化学研究所発生・再生科学総合研究センター）で行なわれた研究なので、事実だろうと思った」と審査した御当人がなんと顔パス同然で通したことを告白しているのに、「それで権威ある雑誌の〝権威〟が保たれるのか？」の反論もない。しかも、論文に問題が発覚してから今度はこのスミス氏、理研の外部評価委員会委員長として疑惑の調査にも一役買うというのである。「それは、マッチポンプである」の一言も聞かれないのだ。これがジャーナリストの姿だろうか。

そこで本章では、小保方晴子と彼女を取り巻く学者たち、そして論文発表の舞台となった理化学研究所の知られざる暗部を探ることにしたい。

一九八三年千葉県松戸市に生まれた小保方は、東邦大学付属東邦高等学校を経てAO入試で早稲田大学理工学部応用化学科入学、二〇〇六年同校卒業、二〇一一年早稲田大学大学院先進理工学研究科生命医科学専攻博士課程修了。この間、早大大学院時代に東京女子医科大学・大和雅之

准教授（当時）のもとで再生医療の研究を始める（彼が博士論文を指導した）。二〇〇八年にはハーバード大学医学部のチャールズ・ヴァカンティの研究室で学んでいる。二〇一〇年、大和を介して当時、理研に在籍していた若山の研究室に出入りするようになり、二〇一一年には客員研究員になった。

ハーバード大学医学部に籍を置いたとされるが、ハーバードOBによると短期留学生の身分で大学医学部が正規雇用することはまずないという。ヴァカンティが個人的に雇用していた、要するにアルバイトだ。

そもそも、小保方論文の中味とはいったいどんなものなのか。ここはひとつ、リケジョっぽく、彼女になり代った口調で解説してみよう。

＊

生まれて一週齢（生後、一週間）のタイミングで、マウスの脾臓の血液を採取して、そこから白血球（リンパ球）を分離して取り出し、三〇分間、あまいオレンジジュースくらいの溶液に漬けたの。酸性・アルカリ性を示す単位「ｐＨ」でいうと五・七。そしたら、ほとんどの白血球は死滅したけど、生き残った細胞は緑色に光り始めて、受精卵のようなすごい細胞になっちゃった。七日目には、生き残った細胞の三分の一から二分の一が多能性の目印になる特徴を示したの。山中先生のｉＰＳ細胞では、この段階に到達するまで四週間はかかるのよ。私は、このすごい細胞に「プリンセス細胞」と名付けたかったんだけど、結局「ＳＴＡＰ細胞」になっちゃったの。Ｓ

ＴＡＰって、「刺激惹起性多能性獲得細胞」のことなんですって。なんだか難しいわね。でね、私の論文の説明を続けると、ＳＴＡＰ細胞はいろんな細胞に変化することがわかったの。シャーレでＳＴＡＰ細胞を培養したら、ほら写真のとおり、神経細胞とか筋肉の細胞ができたの。でもこの写真、博士論文と同じものを使い回してるって、中日新聞にバラされたけどね。

今度はＳＴＡＰ細胞を、ほかのネズミに注射したら、ネズミに、ブラック・ジャックに登場するピノコが入ってたみたいな巨大なテラトーマ（奇形腫）ができて、その中に皮膚やら筋肉やら腸の粘膜まで作れちゃった。それがこの証拠写真なんだけれど、まるで成体マウスから撮ったみたいに立派。山中伸弥先生のｉＰＳ細胞でも、ピノコは作れるんだけど、それはこんなに立派なものじゃないの。

ＳＴＡＰ細胞のすごさは、他にもいっぱい。ＳＴＡＰ細胞を着床前のネズミの受精卵に注入して、それを母ネズミの子宮に戻したら、ＳＴＡＰ細胞は赤ちゃんネズミの胎盤にもなったし、ＳＴＡＰ細胞で出来た赤ちゃん「キメラマウス」（初期胚に多能性幹細胞を注入して成長させたマウス）も作れたの。

繰り返すけれど、山中先生のｉＰＳ細胞や、他のＥＳ細胞からは胎盤は作れないからね。

ＳＴＡＰ細胞を培養して、分化が進んだ後のＳＴＡＰ細胞から遺伝子をとってみたけれど、そこにも、もともとの白血球遺伝子が見つかったわ。Ｆｉｇ１で、いったん消えた遺伝子が、なぜか途中から復活していて、これも慶應の吉村先生や広島大学の難波紘二先生から指摘されちゃった。いったん消えた遺伝子が復活するなんて、ノーベル生理学・医学賞もの。えっ、どうしてデータ上、いったん消えた遺伝子が復活したのかって？　ぜったいに、遺伝子データを切り貼りして作った、捏造じゃないからね。だけど、すごい偶然、ものすごい確率で、白血球細胞の遺伝子データに、同じキズが付いちゃってるのは、晴子の神業。お願いだから拡大して見ないでね。

同じことが、白血球以外の細胞でも出来るか試してみました。

すると、脳、皮膚、脂肪、骨髄、肺、肝臓、心臓の細胞からも程度の差こそあれ、ＳＴＡＰ細胞は出来ちゃいました。オレンジジュース以外の方法でも、ＳＴＡＰ細胞が出来ると思って、細い管を通してみたり、細胞が全滅しない程度の毒素を加えてみたけど、ＳＴＡＰ細胞は出来ていました。

すごい研究でしょ。

でもね、ＳＴＡＰ細胞、もとい、はじめに私が命名したかった「プリンセス細胞」は、その名のとおり、保育器育ちのおひい様だから、山中先生のｉＰＳ細胞やＥＳ細胞（胚性幹細胞）みたいに図太くないの。試験管の中では増やすことが出来ないの。大量生産が出来ない限り、医療分野への応用は絶望的、ぐすん。それでね、理化学研究所のエライ人に特別にピンクのムーミン研究室を作って貰ったように、理研特製の培養液を使ってみたら、大量にＳＴＡＰ細胞を増やすことの出来るＳＴＡＰ幹細胞が出来たの。

この培養液を使うと、ｉＰＳ細胞より短期間で効率的に、ＳＴＡＰ細胞を培養出来ます。それを明瞭に示すグラフも付けちゃった。でも、このグラフが、数値から培養日数まで、山中先生がノーベル生理学・医学賞を取った超有名な論文のグラフと瓜二つというのは内緒。山中先生のｉＰＳ細胞よりすごいってアピールするのに、なぜわざわざ山中先生のグラフそっくりの数値を用いて試算しなくちゃならないのかは、聞かないでね。

さあ、これで医療への応用は出来るという名目が出来たし、皆さん、野依良治理化学研究所理事長の言うこと聞いて、予算増額と理研の格上げお願いね。

ところが、慶應義塾大学の吉村昭彦先生が意地悪なことを言ってきたの。

白血球にいったん分化すると、特別な遺伝子組み換えが起きるから、この「ＳＴＡＰ細胞」にも、白血球特有の遺伝子組み換えが起きていれば、これは白血球から作った「ＳＴＡＰ細胞」だってことが証明できるってわけ。それを証明したのが論文でのＦｉｇ１のｉ図。

だけど、意地悪な吉村先生からＦｉｇ１の図から肝心要の「白血球特有の遺伝子が消えてい る」って指摘されちゃった。論文の趣旨と図の矛盾点を突かれて、引っ込みが付かなくなったんで、三月五日に理化学研究所が「ネイチャー・プロトコル・エクスチェンジ」誌に公表した「プロトコル」（実験手技解説）では、実は「ＳＴＡＰ細胞」に増殖能力を持たせた「ＳＴＡＰ幹細胞」には白血球特有のＴＣＲ（Ｔ細胞受容体）遺伝子再構成はありませんでした、となったの。つまり、ＳＴＡＰ細胞もＳＴＡＰ幹細胞もいったい何の細胞から作られたものかよく分からない、って晴子の秘密がバラされちゃった。てへへ。

ちなみに、このプレスリリース、実験の再現性が認められないって世界中で言われているので、もっと詳細な「STAP細胞の作り方」を記した「プロトコル」を公開しますという名目で行なったの。だから、どの大新聞の記者さんたちも事の重大性には気づかなかったみたいよ。STAP幹細胞が出来なかった、つまり私の論文の大半を否定したようなプレスリリースだったのに(悲しい〜!)、誰も社に戻って、「小保方論文、八割は虚偽!」って打たなかったもの。アタマの冴えない人たちでラッキー!

ところが、このプレスリリースを知った論文の共同執筆者の一人、山梨大学の若山先生が、三月一〇日夜七時のNHKニュースに登場して急に「論文は、取り下げる」って言い出したの。が〜ん! 「理研の発表では、もはや、何が何だか分からなくなった。STAP細胞が存在したのかも確証がない」なんて、ひどい。また電話をかけて泣いてやろうかしら。

*

以上が、リケジョ小保方晴子を真似てあらわしてみたSTAP細胞論文の概略である。彼女の気持ちを忖度して些かの自己弁明も織り込んだが、この時点はおろか、今に至るも小保方はSTAP細胞の存在を頑として肯定し譲る気配がない。掲載した「ネイチャー」誌には、「取り下げられた論文」という烙印を捺されたままSTAP論文は永久に衆目に晒されている。興味のある読者は直接、論文の原文に当たってみることをお勧めしたい。

三月一一日時点での彼女の問題点と今回の論文を、彼女と共に執筆した人間を中心に、その怪しげな相関図を整理してみる。

【笹井芳樹・理化学研究所CDB副センター長】カリフォルニア大学ロサンジェルス校にて客員研究員時代に再生医学研究の実績を挙げ、京都大学医学部史上最年少の若さで教授に上り詰めた。iPS細胞を使った臨床実験を理研で始める高橋政代とは京都大学時代の同期。出世街道を歩み、いずれは京都大学総長と目された逸材だったが研究分野の「ES細胞」は韓国の黄禹錫《ファンウソク》教授の捏造論文のあおりを受け、山中教授のiPS細胞に大きく水をあけられ再生医療の亜流になってしまった。小保方の共著者としては筆頭格の責任者だ。

【若山照彦・山梨大学教授】ヴァカンティの許を離れた小保方を理化学研究所に受け入れた人物。「論文撤回」の急先鋒になったが、三月一〇日以前は小保方の最大の協力者だった。キメラマウスの作製にかかわる。当時、私の取材に対し、「キメラマウスは実在する、小保方が見せる」と断言していた。

【大和雅之・東京女子医科大学教授】小保方研究では、大和が発明したセルシード社製の細胞シートを使用。著者が行方を追ったところ現在行方不明。今回の論文共著者として唯一、「利益相反」の立場にあり、「ネイチャー」誌が利益相反の関係を明記する義務付けを課しているのに対し、セルシード社についての利益相反報告義務を怠っていた。

【岡野光夫・東京女子医科大学先端生命医科学研究所所長】論文共同執筆者ではないが、大和教授が作製した細胞シートを扱うセルシード社の社外取締役。セルシード社は一月に新株発行をしており、新株発行の締切り直前に小保方論文が発表されたため、その翌日と翌々日、セルシード株はストップ高を記録。

【チャールズ・ヴァカンティ医師】ボストンの麻酔科医。ハーバード大学には在籍しているが、関連病院の勤務医であり、医学博士ではない。小保方はヴァカンティに個人的に雇われていた。一九九七年に、さも「人間の耳をマウスの背中に再生させたかのような」「ヴァカンティマウス」を全世界に発表。世を騒がせたが、結局、耳の形の金型で作製した軟骨細胞を皮下に移植しただけのものと分かり、悪趣味なと批判されるや、あくまで軟骨細胞の移植技術を披露しただけと開き直った。今回は小保方の会見から一週間後の二月五日に、ヒトの新生児の皮膚繊維芽細胞から「STAP細胞の可能性のある細胞」を作ったと発表。原文に当たると、ヴァカンティは婉曲表現に留めており、分化した細胞に刺激を与えると初期化され万能細胞に変わるという小保方と同趣旨の持論に関しては共同執筆者として特許を申請しているが、巧みに小保方とは一線をひいて自分の逃げ場は確保している。今回の件でハーバード大はヴァカンティと、次に紹介する小島を当時は懲戒解雇の方向で動いていたらしい。

【小島宏司・医学博士】ただし、出身母体の聖マリアンナ医科大学に確認すると准教授という肩書きはあるが、ヴァカンティの研究室で個人的に雇われているか、ハーバード大学医学部に医学博士として雇用されているか不明だという。聖マリアンナによると、医学博士は同校で取得したが現在は非常勤扱いで学籍はなし。再生医療研究のため渡米。四月にＳＴＡＰ細胞の基調講演を行うはずであった。

【理化学研究所と野依良治理事長】そして人間喜劇と茶番の主舞台となった理研である。事件が起こる前には「特定国立研究開発法人」への指定が見込まれていた。小保方の成果を受け、下村文科相は、一月三一日、法人創設の方針を表明した。この制度がスタートすると、年俸一億円の研究者も誕生する。非情な野依の、してやったりの高笑いが聞こえるようだったが、不正発覚を受けて計画は頓挫した。

痩せても枯れても博士たち。怪しげで悪《ワル》の臭い芬々でも、一応は社会的名士である。皆が相談して阿吽の呼吸で割烹着リケジョの妄想に乗った振りをしたとは思いたくない。しかし、事実は小説より奇なりの様相を呈していた。

世紀の大発見を華々しく打ち上げた記者会見でｉＰＳ細胞よりも簡単に作れると豪語した小保方と共著者たちの主張は、さてどこに行ったか。「簡単に」は誰も作れないのである。「ネイチャー」誌の発表をもとに追試を行なった米国、ドイツの研究機関から次々と追試失敗の報告が寄せられた。

追試の成功例が皆無である。これが意味するところはひとつ、論文が捏造されたということである。論文に書かれたことに嘘があれば、ほかの研究者たちにはSTAP細胞は作れない。若山は三月初めまで、「理研では小保方氏の指導でSTAP細胞を作ることが出来た」と強弁していた。いくら「iPS細胞より簡単に出来るが、そこには小保方しか知らないコツがある」と主張しても、iPS細胞のように、公表された作り方、プロトコルさえ守れば、世界のどこでも誰もが作れるのでなければ、大量生産する医薬品や医療材料には向かない、つまり医療分野への応用には適さないことを意味する。

誰にも追試が出来ない、という疑義を払拭する時間稼ぎのために、理研は三月五日に、STAP細胞の詳しい作り方を「プロトコル」として「ネイチャー」の関連サイトに投稿し、記者会見まで行なったわけである。

捏造ばかり上手に

小保方は、白血球の一種であるリンパ球のT細胞を弱酸性溶液に漬けたところ、STAP細胞が出来たと説明した。だが、そもそもリンパ球は酸に弱い。「作り方」に指定されているpH5・7では死滅するのが普通だと思われる。「半殺し」にするのが小保方のコツだと言われるのだが、さて、どうか。

吉村昭彦・慶應義塾大学教授が、自身の研究室ホームページで指摘したように〝この遺伝子解析の結果では、白血球に特有の遺伝子再構成は見られない。しかも白血球に見られる遺伝子配列が消えている。これでは、白血球由来のＳＴＡＰ細胞であると証明できないのではないか？〟。さらに、遺伝子解析の結果で、本来なら出現すべき遺伝子配列が消えてしまっている。撮影したマウスの写真に、緑色のフィルターを付けて、さも蛍光したかに見せかけたのではないかという疑惑が持ち上がったのである。小保方論文はそこまで追い詰められていた。

実は三月五日の理研の記者会見の肝は、この白血球由来であることの否定、小保方論文からの事実上の撤退にあった。この日、公表したプロトコルの中で「ＳＴＡＰ幹細胞には、白血球由来のＴＣＲ遺伝子再構成は見られなかった」と言及した。小保方が「白血球からＳＴＡＰ細胞を作った」と言っているのに、母体である理研は「よくよくＳＴＡＰ幹細胞を調べたら、白血球が持つ特有の遺伝子が見つからなかった」と言っているのである。小保方は理研の中枢部に見捨てられてしまった形である。いったい、ＳＴＡＰ細胞はどこから来たものなのか？

匿名を条件に、京都大学関係者がこう語ってくれた。

「小保方論文は、実験の仕方も下手、解析技術も下手、学生時代に満足に指導も受けられなかった、そのくせ、盗用と捏造技術ばかりが上手くなった同情すべき研究者の末路です。ああいう人を送り出した、早稲田、東京女子医大には大きな問題がある。ＳＴＡＰ細胞ができる、という点に関しては否定はできず、その概念自体は残るでしょう。着想そのものは評価されるかも知れませんが、とても理研内で議論されて『ネイチャー』に出した論文とは思えません。次々と画像の使い回しや盗用が指摘されるような問題のある論文を理研内できちんと精査せず、このタイミングで出す必要があったのか」

三月五日の段階で、若山は自分が理研によって梯子を外された事実を知らなかった。著者の山梨大学への「質問状」に対し、若山は回答を寄せている。そこでは、あくまでも「STAP細胞は小保方と共に作った。論文の正当性は揺るがない」と従来の主張を繰り返している。そこから抜粋してみよう。

〈質問1〉

若山教授は二月二四日に産経新聞の取材に対し、またその後、週刊新潮の取材に対して「小保方さんと何回もSTAP細胞の作製に成功している」「私が理研にいた時には、彼女の協力のもと、作製できているのを確認している」と答えています。若山教授ご本人が作製したというのは、間違いない事実ですか。

【間違いありません】

〈質問2〉

「小保方さんと何回も作製に成功している」「私が理研にいた時には彼女の協力のもと、作製できているのを確認している」と週刊新潮に述べた一方、二月二〇日付のウォールストリートジャーナルの取材については「まだ理研にいた時に一度再現に成功したが、山梨大に移ってからはできていない」と述べています。

【マウスの作製は実験中いつでもできました。一度しか再現できていないのはＳＴＡＰ細胞を作る部分であり、論文では僕が担当したところではありません】

〈質問3〉

理化学研究所では、小保方博士とＳＴＡＰ細胞を注入したマウスの作製に成功したそうですが、山梨大学では、二〇一四年三月五日現在、小保方博士の論文に基づき、マウスを再現できていますか。

【ＳＴＡＰ幹細胞を注入したマウスの再現はいつでもできます】

〈質問8〉

「私はそれ（ＳＴＡＰ細胞）をマウスの受精卵に注入して胎児を育てた」という若山先生の発言がその通りであれば、ＳＴＡＰ細胞を注入したマウスの検体の一部は今現在、若山先生が保存しているのでしょうか。

【この実験は小保方さんのために行なったものであり、僕が保管するものではありません】

あるいは小保方晴子博士は現在もＳＴＡＰマウスの組織を保管していますか。

【保管していると思います】

〈質問9〉

胎盤画像やＰＣＲ（ポリメラーゼ連鎖反応）で増幅されたＤＮＡのデータについてさまざまな

指摘があるなか、実際にＳＴＡＰ細胞を注入して作製したマウスに残っている組織から再検証をすれば、すべての疑惑が払拭できますが、そうした再検証を行なう予定はありますか。

【あります】

〈質問10〉

クローンマウス作製の第一人者である若山教授は、ＳＴＡＰ細胞を注入したマウスから、クローンマウスを作り、そのクローンマウスの遺伝子解析をすれば、もっとシンプルに検証ができたのではないかと指摘されています。ＳＴＡＰ細胞を注入したマウスのクローンマウスは作製されましたか。

【ＳＴＡＰ幹細胞からのクローンマウスは作っています】

如何だろう。若山の回答は明快である。ＳＴＡＰ細胞で出来たマウスの検体は小保方が理研に保存しているのだ。


この問答には、いささか補足説明が必要だろう。

小保方研究チームは、目印として遺伝子操作で蛍光タンパク質を組み込まれ緑色に光る（つまり「Oct-4を発現する」）細胞が、本当に万能性を持つかどうか確認するために、それをマウスの皮下に注入し、そこにできたテラトーマ（奇形腫）の中を調べた結果、皮膚の表皮や神経系を形成する外胚葉、筋肉などを作る中胚葉、消化管などを形成する内胚葉の三つの胚葉を作っていたというのである。これは、ＳＴＡＰ細胞が、人間の身体の全ての組織を形成できる能力を持つことを意味していた。また、小保方と若山は、この細胞をマウスの胚に入れて育て上げ、この細胞を全身に持った「キメラマウス」を作ったという。つまり、このＳＴＡＰ細胞が全ての身体を構成する細胞に分化する能力を持つことを示したということである。

若山の回答に出てくる「ＳＴＡＰ細胞」と「ＳＴＡＰ幹細胞」の違いについても、説明しておく必要がある。ＳＴＡＰ細胞それ自体には、増殖の能力がない。医療の現場においてＳＴＡＰ細胞が実用性を持てるか否かは、増殖能力を有したＳＴＡＰ幹細胞になり得るかどうかが最大の問題であった。小保方は、ＳＴＡＰ細胞を特別な溶液に漬けて培養したところ、変化を起こし、急に増殖能力をもったことを確認したという。見事ブレークスルーして、ＳＴＡＰ幹細胞を手に入れたというわけだ。小保方は〝独自の方法〟で作製したこのＳＴＡＰ細胞を若山に渡し、前述の実験に使用したのである。

さらに、キメラマウスを作る実験では、ＳＴＡＰ細胞は胎児になるだけでなく、胎児を育むための胎盤に分化することも明らかになったというのである。ｉＰＳ細胞、ＥＳ細胞も胎盤には分化しない。

こうして、幹細胞まで作ることができたというＳＴＡＰ細胞に、一躍、再生医療の現場は、熱い視線を送ることになったのである。

第3章

小保方晴子「逆襲会見」の裏側で何が起こっていたのか

「STAP細胞は、ありまアす！」

七一日ぶりにわれわれの前に姿を現した小保方晴子博士は、すこしだけ痩せてはいたが、いたって元気そうだった。二〇一四年四月九日、大方の予想を裏切って本人が会見に登場したことにより、真相解明に新たな一歩を踏み出すきっかけになるのではないか。そんな期待を我々に抱かせもした。なにせ、二日前に体調不良で入院していた小保方である。どんなに憔悴した顔つきで現れるか、誰もが固唾を呑んで見守っていたのである。ところが、髪の毛はしっかりカラーリングし、洋服こそヴィヴィアン・ウエストウッドではなかったが、ファッション誌『プレシャス』にでも掲載されていそうな高価な逸品である。胸元にはこれまた年齢には不相応な真珠のネックレスがさりげなく下がっている。

極端に瞬きが少ないのは、一月二八日の会見と同様だが、しっかりした口調で自らの「未熟さ」を詫び、それでも理化学研究所が四月一日に公表した最終調査報告には断固として異を唱える。「捏造や改竄ではない。悪意を持って行っていないから研究不正には当たらない」。緊張や体調不良で口が渇くようなことはない。声が上ずるわけでもなく、三度ほど俯いて言葉を詰まらせる所作を見せたのは、どうやら自己演出の行き過ぎだろう。

この会見で、小保方がすべきだった釈明および発表は、本来唯一つだったはずである。STAP細胞の作り方マニュアル、いわゆるプロトコルを全面的に開示せず、世界中の科学者に向けて発信してこなかった自らの不明と不作為を詫び、あらためて自身が言うところの「独自のコツとレシピ」とやらを加味したプロトコルを公にすることである。

実際、著者も、「再現実験が成功しなければ、小保方氏が言うところの『世の中のためにしてきた研究』も絵に描いた餅である。すぐに『コツ』を明らかにしたプロトコルを世界中に発信しSTAP細胞の再現を成功させることが科学者として採るべき行為ではないのか。身分や名誉について法律のフィールドで弁護士の力を借りて争っている場合ではなかろう」と質したが、小保方は平然と「次の論文に影響するので、それは公開できない」とのたまうのだ。数分前には、他の記者から「どうすれば誰にでもSTAP細胞の存在が信じて貰えるようになるとお考えか」の問いに、小保方は「それは、世界各地で再現が出来るようになることです」と答えた舌の根も乾かないうちの発言である。いやはや驚かされる。

だが驚くべき発言は、随所にあった。「再現実験を共同で行おうという申し出があった場合、小保方氏はどう応えるか」という質問に、「どこにでも、すぐにでも行って、実験に協力したい」と殊勝そうに答えていた小保方なのに、数十分後、「公開で実験してはどうか」との問いには、「それは、私だけの一存では決められない。理研が再現実験を行っているし」と豹変する。

とにかく、たかだか数十分の会見においてすら、小保方の発言は簡単に変遷する。私は、一瞬

「サイコパス」という言葉が頭に浮かんだほどだ。彼女は、心を病んでいるのではないか。私には、小保方が過剰な承認欲求と自己顕示的な自己愛を持つ人間に思えてならない。他者に対して、自分がいかに大きな影響力を及ぼすことが可能か、見せ付けたり確認したりする行為を繰り返す。その欲求のつよさが特徴的なパーソナリティ障害の可能性がありはしないか。パーソナリティ障害の中でも演技性人格障害の傾向が顕著なのではないか。

小保方が、ひときわ大きな声を上げたのは、「STAP細胞は存在するのか？」というテレビのワイドショーで耳にタコが出来るほど聞いたフレーズが実際に質問として上った折である。

「STAP細胞は、ありまアす！」

このフレーズは、しばらくの間、世間では失笑とともに繰り返し人々の口の端に上ることになった。私は、登校途上の子どもまでが「STAP細胞はア、ありまアす」と、大笑いしながら目の前を走り去る姿さえ目撃したことがある。

そして、体調を訊かれた折にも、「絶不調でした！」とつぶやき、会場に冷たい嗤いを誘った。このリケジョは本当になにを考えているのか分からないのである。

だが、この会見は、あるいは一般の視聴者には受けが良かったかもしれない。彼女が、「幸福の科学」機関紙と思しき記者から発せられた「誰かの役に立ちたいと思ってやってこられたのですよね」というエモーショナルな質問に見せた一掬の涙こそ当日の記者会見のハイライトであったろう。「誰かの、きっと役に立つだろうと思って……。悪意を持って、データを仕上げた訳ではないことを御理解いただきたい」。併せて、「もし私に、この先、科学者としての道があるのなら」と自己陶酔の表情で「人のお役に立ちたい」と続けて訴えたのも、当時は俗耳に心地良かったかもしれないが、庶民というものは、いつまでもそう甘くはない。今では一部の老年代の男性インテリだけが、彼女の茶番劇の好意的な観覧者である。しかし、理研の掌返しの「トカゲの尻尾切り」の悪印象だけは、人々の脳裏に焼き付けられた。これには科学者たちも失望と嫌悪感を抱いたのである。

いまひとつ、この会見の重要なポイントを明らかにしておきたい。小保方がネイチャー論文の趣旨を、「STAP現象が起きたこと、つまり『現象論』を示したものであり、『最適条件』を示したものではない」と言い出した点である。

つまり、実験をしていたらSTAP細胞が出来てしまったので、その現象を報告したまでで、詳しい解析は今後の論文で明らかにするつもりであったという一種の言い逃れ戦術である。これは実によく出来た話で、「私は、自分だけが知っている独特なコツやレシピでSTAP細胞を作れるが、十分な解析がすむまでは、プロトコルは発表したくないの。だから、世界中の学者に再現実験が出来なくっても、ある意味、仕方ないの。わかってね」となる。小保方は、本人が言うほど「世のため、人のために」研究をしているわけではない。すでに書いたように一種のパーソナリティ障害の可能性が疑われ、すべて自分を飾るための演出的行為と思われるのである。

だが、「わが身可愛さ」では、理研も小保方を笑えない。どちらも似たようなものなのである。

両者の内実をとくと御覧頂きたい。誰もが呆れるはずである。

ウラ金づくり

二〇一〇年、若山照彦（現・山梨大学教授）と知り合って、小保方は理研に入所する。取材した結果、若山の回想によれば、小保方は大和、小島とともに学会発表の場に、いきなり若山を訪ねてきたらしい。そこで大和は、小保方を「優秀なハーバード大学の研究者」と売り込んでいる。小保方の学歴と職歴に恐れ入った若山は、彼女を理研に招き入れる役回りを演じることになった。理研に入所した小保方は、しばらくして客員研究員になった。「客員」は無給である。理研から給料は出ない。この時期、小保方にどのような経済的裏づけがあったのか、つまりどこが彼女の生活を保障していたのか理研に問い合わせたが、当時は理研から回答は寄せられなかった。その後、ハーバード大学の関連病院の麻酔科医、ヴァカンティから金が出ていたことが明らかになった。ヴァカンティは単なる麻酔科医で、病院の勤務医、彼のことを研究者だと思っている同僚はいない。そんなヴァカンティがどうして日本で暮らす小保方の面倒まで引き受けられるのか、奇異に思う読者も多いかもしれないが、アメリカにおける麻酔科医の給料は破格なのである。私が会ったアメリカ人麻酔科医は、三〇歳で年収一億円を稼いでいる。彼の同僚麻酔科医は、プライヴェート飛行場つきの豪邸を最近購入したそうで、飛行機もチャーターしているそうである。手術数の多いアメリカでも、わが国同様、麻酔科医は不足していて、現在アメリカの医療費の大半は、麻酔科医の人件費、契約料で持っていかれているのが実情である。それくらい、アメリカの麻酔科医の給料は、破格である。理研の客員研究員時代の小保方の生活くらい、ヴァカンティのポケット・マネーで賄うことなどワケはない。小保方の暮らしは一介のポスドク（博士研究員）にしては異例に贅沢なものであったといわれているのも肯けるわけである。

当時の様子を知る関係者はこう語る。

「ハーバード大の非常に優秀なポスドクという触れ込みでした。研究室内のセミナーでは、とても上手な発表を行いました。それで、すべてのメンバーが最初から小保方さんはすごい、と思っていました。たとえば、ＴＣＲ（Ｔ細胞受容体）の図は、ラボの他のメンバーが最初に行い、失敗しました。翌週、小保方さんが同じ試料で結果を出したのです。その際は、最初に行った人も、『さすが小保方さんはすごい』と思ったそうです」

小保方のようなプレゼン能力の高い自己陶酔型の人間は、アメリカの研究者にも多いという。コネさえ作ればハーバード大学にも潜り込める。しかし、アメリカは理研の野依良治理事長以上に直ぐに結果を出すことを求めるので、実力がなければ即クビになる。結果を出さんとするあまり、再現性のない論文が提出されることになるが、だからこそ海外では論文そのものが画期的な内容であるかより、再現性が大きな意味を占めるのである。

やがて、若山は同じ凄腕の研究者である細君とともに理研を去り、山梨大学に転出する。その後に小保方を引き受けたのが、今回のネイチャー論文の事実上の執筆者、笹井芳樹・CDB副センター長である。笹井が、小保方を寵愛したことは理研内部でも良く知られている。正式な研究員となり、内部昇格は滅多にない研究ユニットリーダーにも指名された。所内でも極秘プロジェクトとして「STAP細胞」は特別扱いにされ、研究の実態はごく限られた人間にしか知らされなかった。もちろん竹市雅俊・CDBセンター長も内実を把握していた一人である。

理研が得ている年間の予算は、八〇〇億円から九〇〇億円の間である。そのほとんどは、国民の血税で賄われる。いわば研究員は、準国家公務員といえる立場である。その予算の中から、小保方チームに託された予算は、どれほどになるか。この一年だけでも実験費などで五〇〇〇万円ほどと言われる。この試算は記者会見における竹市センター長の発言から類推される。その上に、笹井副センター長の格別な配慮でさらに加算された気配が濃厚である。笹井の差配でどれほどのプラスαがあったのか知りたいところであるが、理研に情報開示を求めたものの、回答はなかった。なんと言っても笹井は、年間三〇～四〇億円の予算を握っている大物である。

だが、そうやってあてがわれた予算は、果たしてすべてキレイに使われていたのだろうか？三年間で正式な「実験ノート」がわずか二冊。ほとんどマトモに機能していなかった研究チームが、一体どれほどの予算を消化できたのか。

上昌広・東京大学医科学研究所特任教授が、こう語る。

「（小保方をユニットリーダーにつける）あの人事は、笹井さんなら出来ると思います。本部の人事は、センターの幹部だけでしょうからね、行っているのは。一般論で言うと、研究が出来ることと、研究室の運営が出来ることは別の次元の問題です。小保方さんのような人を抜擢するときには、通常、その上にビッグボスがいるはずなのです。研究費の取り扱いから秘書の労務管理まで、やはり管理職としての能力が求められる。研究室は個人商店なので、グッドアイデアがあるから大抜擢するという世界でもないのです。営業もしなくてはならない。笹井さんが支えていた、彼の責任で彼がやっていたはずなので、だから小保方さんは笹井さんの傀儡だった可能性が高い」

かつて、小保方の母校である早稲田大学の理工学部では、松本和子という教授が、捏造論文で騙し取った研究費を、自分の口座にプールした事件が起きた。このとき、松本は文部科学省の委員を歴任し、予算に介入できる立場だった。捏造論文、そこから引っ張ってくる多額の研究費、そして予算に口を挟むことが可能な権力。今回の小保方ケースと類似点があまりに多い。独立行政法人・科学技術振興機構（ＪＳＴ）によると、一九九七（平成九）年度から二〇〇六（平成一八）年度まで、「付け替え」「架空請求」で松本は二九八一万二〇〇〇円に延滞利息（五％）を付加した全額の返還を求められた。いかにも厳しいのだが、関係者は早稲田大学の研究者の腐敗は甚だしいものがあると口を揃える。早稲田大学理工学部のモラル欠如の酷さについては、元早稲田大学教授の尾崎美和子がこう強調する。

「現状、早稲田大学は研究教育の場からは大きくかけ離れている。今回の件は、単にコピペが見つかったという単純な話ではない。再生の道は、先ずは現状把握と反省から始まる。現職教員、職員は、その認識を強く持つべきである。早稲田の悪質さには閉口しておりますが、今のままでは、モラルと実力の欠如した研究者が大量に輩出されていくので、極論、早稲田の理系大学院は廃止した方が日本のためと思っている」

理研の調査委員会は、四月一日の記者会見で公表した最終報告書で小保方一人が不正を行ったと結論付けている。ＳＴＡＰ細胞の実験結果を示す重要な画像に捏造と改竄があったというのだ。「捏造」「改竄」「不正」によって研究論文を書いたとなれば、税金で賄われている研究費を不正に使ったことになる。

「情報開示請求をして笹井氏と小保方氏の研究費の使われ方を一度調べてみる。研究費の使途は出せるはずです。税金で研究している彼らには義務がありますから。その視点が必要です。なぜかといえば、最終的に理研は小保方氏を刑事告発するか、民事の責任を負うのです。文科省のホームページを御覧になれば分かりますが、研究費の不正となると、一義的には研究者が民事責任を負わねばならない。運営費交付金だろうが競争的資金だろうが、小保方晴子氏が国に返還しないといけないのです。ただ、運用上はいったん理研が払う。そして理研が小保方氏に請求する。まあ、普通はうやむやにする。だってこれ、数千万から億という金を貰っているはずなので、そんな多額の金を返せるはずがない。しかし、本来規則上は、そうあらねばなりません」（上教授）

不正に使われた研究費を国庫に返還するにあたっては、当然、野依理事長も責任を負うことになる。不正研究の防止は、まず当人に責任を取らせることにある。しかし、「辞職」という責任だけではなく、民事責任まで追及することが一番きれいな形なのだといわれる。

前述したように、理研の予算は軽く八〇〇億円を上回っている。金城湯池であり巨大な利権の温床であろう。仮にトンネルを使って裏金がプールされているとすれば、理研に天下ってきている事務方の官僚が後ろで糸を引き、全体の絵を描いているはずだ。研究機関には、どこでも事務経費（間接経費）と呼ばれるものが存在する。たとえば、ある大学の研究機関の場合、一〇〇〇万円の研究費なら、その三割、三〇〇万円を事務方が取る。その一部を業者のトンネルを通してプールしておき、事務方が飲み食いや交通費に使うのである。

これまでにも理研に不正事件はあった。

・二〇〇四（平成一六）年二月、元理事が研究費約五二六万円を不正流用。さらにセクシャル・ハラスメントが発覚。

・同年六月、海外出張費約一九〇万円を二重取りしていた元主任研究員を詐欺容疑で告訴。結果は不起訴。

・二〇〇六年四月、延べ一九三七人もの職員による放射線業務手当の不正受給（一〇六八万円）が発覚。関係者二五名が処分を受ける。

・二〇〇九年九月、元超分子科学研究室主任研究員が架空取引を行い約一一七二万円の損害を与えたとして背任罪で逮捕・起訴。

研究費の不正流用には、必ず事務方がコミットしている。空伝票《から》を一度通す必要があるからだ。小保方のように何の実績らしい実績もない研究者に、理研は「科学研究費補助金」(科研費)として予算をつけ、巨額な血税を使っているのである。新しい実験器具を揃え、高価な机や椅子を入れて、壁をピンクや黄色に塗ったところで、使い切れなかった予算はあったはずだ。こうした金の差配をしていたのは、実質的な小保方の上司だった笹井であったことは間違いなかろう。

笹井と理研で一緒だった京大関係者はこう証言する。

「笹井さんは、大きな金額を使っても、どうしても予算が残ってしまうばあい、実に上手く算段してキレイに使い切るテクニックを持っていました。一度、僕が二億円の医療機器を一億五〇〇〇万円で入れられるように、知り合いの業者に渡りをつけたときなど『君が余計なことをしてくれたおかげで、五〇〇〇万円の使い道を考えなくてはならない』と真顔で言われたものです」

ミスター・ノーベル賞

かつては「研究者の楽園」と呼ばれた理研も今では野依理事長の過酷な「成果第一主義」で、かなり様相が変わってしまったという。野依の人格が嫌いだという研究員は多いが、誰もこの高圧的なミスター・ノーベル賞にはモノが言えない。激しい気性の野依は、誰からも恐れられ、所内の現状を注進する者はいない。いわば、「裸の王様」である。

今回の小保方問題で図らずも表面化したのは、最先端研究開発分野の異様な権力構造である。この分野に給付される一〇〇〇億円の予算配分について、監督官庁である文科省や経産省がその配分先を決めるのではなく、理研の野依理事長を始めとする幹部、さらには東京女子医大の岡野光夫といった、今回の小保方事件に深く関係する人物たちが、そのイニシアチブを執っているのだ。小保方（と笹井）がこれほど大それた研究不正に及んだ背景がここにある。上の姿勢は、下の腐敗を生む。類は友を呼んで、同じような成果主義・拝金主義者が組織を蝕んでいく。

ハーバード大学の関連病院の一麻酔科医に過ぎないチャールズ・ヴァカンティも同類である。金になると踏めば、特許だけ申請して、あとは利益が転がり込んでくるのをじっと待つ。STAP細胞のアイデアは小保方がヴァカンティから教え込まれたものであり、その尖兵として、善人の若山をたらしこんで理研に入り込んだのだ。この二人が当初、決してネイチャー論文を撤回しなかったのも、その点で気脈を通じているためだ。科学者としての高邁な精神などではない。二人のバックグラウンドには意外な共通点もあるような気がする。一人はプロテスタント主流社会における「非キリスト教徒」、もう一人も根無し草のように研究室を転々と漂流してきた人である。

ともあれ、年間八〇〇億円以上という異常なまでの予算を支給されているパラダイス・理研の幹部たちが、さらに特権的行為で、ほかの大学の研究機関の予算額を決めるという構造を弄んでいる。小保方事件で白日の下に晒された理研の出鱈目ぶりだけではなく、監督官庁の文科省、経産省のガバナンス能力も欠如したまま「やりたい放題」が罷《まか》りとおっているわけである。われわれの血税一〇〇〇億円が消えていると言っても過言ではない。研究者が、ライバルの研究者に予算を配分するだろうか？　足の引っ張り合いと、意図的な情報操作、世論誘導こそが、この世界での研究費予算を勝ち取る手段と断じる学者が多いのも肯けるのが現実なのだ。

小保方に対するヒアリングを行った川合眞紀理事は、「とても話が出来る状態ではない」と評して、小保方の会見を見送った。そのヒアリングも中間報告までに直接、小保方から話を聞いておらず、結局三回しか行われていなかった。お粗末な対応と言われても反論は出来まい。中間報告の記者会見の席上、「常軌を逸した、理解しがたい学者」の烙印を捺した川合眞紀理事は、そんなに公明正大な御仁なのか？　今から述べることを読んで頂ければ、「貴女こそ、批判されるべき科学者じゃないか」とまぜっかえしたくなるだろう。

二〇〇九年、自分の配偶者を最先端研究開発支援プログラムの配分対象者三〇人の一人に選定したとされ、当時の鈴木寛・文科副大臣に「選考過程が不透明で不適切」と指摘された人物なのだ。この最先端研究開発支援プログラムから、次のノーベル化学賞候補、カーボンナノチューブの発見者である飯島澄男が落選しているのである。野依が田中耕一（二〇〇二年ノーベル化学賞受賞者）や飯島といった、市井の研究者を軽蔑し毛嫌いしていることは、研究者の間では公然の秘密である。

この支援プログラムの対象者には、川合理事の夫のほか、小保方の論文共著者の大和雅之・東京女子医大教授の上役である岡野光夫・東京女子医大副学長も選ばれている。ＳＴＡＰ細胞の発表後、株価が跳ね上がり、一時はウハウハだったセルシード社の取締役でもある。しかもセルシード社は、一月に新株を第三者割当で発行していた。政治家では誰が美味しい思いをしているか、国税は調べてみる価値があるだろう。金の動きがあれば、インサイダー取引の可能性が高い。手下の大和が体調を崩して入院したと話してくれたのは、上司の岡野である。小保方論文が、これだけの大騒ぎを引き起こしても、疑惑の博士論文を指導した張本人であるとともにネイチャー論文の共同執筆者でもある大和は誰にも追及されていない。新聞・テレビは、小保方に注目してスカスカの報道をする前に、大和を探し出して根掘り葉掘りセルシード株の件を聞き出すほうが少しは賢く見えたことだろう。

つまり、小保方に対して、年間一〇〇〇億円、三年で二七〇〇億円の税金の配分を不公正なジャッジメントで割り振って決めていた「金の亡者」の身内が集まって、なあなあのヒアリングを行っていたに過ぎないのである。嗤える話ではないか。

だが、本当になあなあだったかどうかはさて置いても、前述した通り結局、理研は小保方をスケープゴートにすることに決めた模様である。調査委員会は「不正行為は小保方一人だった」と三月三一日に書面をもって通知した。小保方は、反論の機会がなかったとして、四月一日、反論のコメントを最終調査報告の記者会見の場に寄せて、全面的な対決姿勢を鮮明にし、本章の冒頭に記した記者会見へと臨んだのだった。

理不尽な言説

理研の腐敗は、野依以下、幹部職員による予算配分の実態をその頂点に、今回のSTAP論文事件の後処理をめぐってもいかんなく発揮されている。暴論や暴挙が、事件を引き起こした当の組織に属する当人によって、誰憚らず恥ずかしげもなく行われているのを目撃すると、理研は一度解体して再出発させるほうが良いと思えてくる。構造変革より人員の全面的な刷新のほうが手っ取り早い。たとえばこんなことがあった。

四月七日、STAP細胞の再現実験を向こう一年にわたり行うことになった丹羽仁史（多能性幹細胞研究プロジェクト・プロジェクトリーダー）が、記者会見を開いた。会見は比較的内輪で開催された。というのも、会見の決定が開催の直前であったし、記者を選別しての催行という色彩が濃厚であったためである。

私もこの会見に出席したが、その場で丹羽と同席した早稲田大学理工学部出身の相澤慎一（特別顧問）という男は、立場も弁えない、驚くべき言動に終始した御仁であった。この男のことだけは、記して後世に遺し伝えたい。このような人物が、科学者として暮らしている。そういうお気楽な御身分なのである。

丹羽の目はうつろで、ほかの幹部研究員が話している間も、床を見つめている。憔悴していて、ほうれい線や額の皺がラボHPの写真より更に深く見えた。

会見の中で、論文はネイチャーに発表された後に読んだと釈明した。

「T細胞から作るSTAP細胞には意味がない」として、肝臓の細胞からSTAP細胞を作る計画を明らかにした。

さらに若山・山梨大教授が、凍結保存していたSTAP細胞から作製した細胞を調べたところ、小保方に渡したマウスとは別種のマウスの細胞だったとしていた。これに対し丹羽は、「ES細胞由来ではないと思う」と言及し、若山の調査結果と対立する形となった。

処分対象の若山と、処分を免れた丹羽とで、論文共著者でありながら、全面対決となったわけである。しかし、丹羽も「実際にSTAP細胞が出来るところを、この目で三回見た」と話しているものの、自分だけでSTAP細胞作製に成功したことはないという。すべて小保方の作製により、成功したところしか見ていない。さらに丹羽は、「小保方さんは、ずっと笹井さんの研究室にいたので、実験をしているところは実際に見たことはなかった」と説明。ネイチャー論文が発表され、追試が出来ないと世界中から疑義が寄せられた後、二月半ばにようやく、小保方の実験している様子を初めて実際に見ることができたという。そこで都合三回、STAP細胞の作製を隣で見たのだという。以下、一問一答の概要である。

――三月五日のプロトコル発表について、お聞きしたい。

丹羽　小保方の対応は、限界に達していた。海外からの（追試が出来ないという）問い合わせに対し、応える義務があった。責任を持って、いち早く情報を流すべきではないかと思い、見過ごすわけにいかなかった。（その時点でＳＴＡＰ細胞を作るために）自分が手を動かして実験をしたことはない。

――小保方から作製に当たってのコツは教えられたのか？

丹羽　今現在、こういう状況なので得ている情報はない。いろんな形で聞き取りを進めていくつもりだ。

――あのプロトコル発表にはＴＣＲ遺伝子再構成はなかったとあるが？

【この質問には、説明が必要である。丹羽が残っていた試料を再検証したところ、「できたＳＴＡＰ幹細胞は八個のみで、その幹細胞の遺伝子を調べたところ、Ｔ細胞からできたことを証明する手掛かりとなる、Ｔ細胞特有の遺伝子の変化（ＴＣＲ再構成）が見られなかった」ことが判明した。小保方は白血球のうち、リンパ球の一種であるＴ細胞からＳＴＡＰ細胞を作ったと報告していた。Ｔ細胞のような分化が進んだ細胞を初期化することでＳＴＡＰ細胞を作り出したというのが、小保方論文の一つの肝であった。しかし、Ｔ細胞に由来するという証拠がないとなると、いったいＳＴＡＰ細胞は何から作られたのかが分からなくなる。この結果に唖然とした丹羽は、ＴＣＲ再構成がなかった衝撃の事実を、サラリとプロトコルに書き加えた。若山の全ての希望を打ち砕き、小保方の捏造を確信させたのは、この行《くだり》であった】

丹羽　ＳＴＡＰ幹細胞にＴＣＲ再構成はもともとなかった。あのデータは、もともとあった。ネイチャーに修正を申し込んだのが、三月九日、撤回すべきだと申し込んだのはその後のこと。論文は、小保方とヴァカンティが代表者だから、私たちが撤回すべきと言っても、二人が拒否する以上、どうしようもない。

――実際に作ったこともない丹羽さんは、何をもとにプロトコルを書いたのか？

丹羽　ネイチャー論文からだ。論文にあったものと変更はない。理研に、再現できないとの問い合わせが寄せられ、補足説明が必要と思い、ネイチャー論文に書かれていた基本的な手技に、二月半ばまでに頂いた問い合わせメールの内容を検討し、小保方とディスカッションした上で、科学コミュニティに発表した。

（小保方と話はしたが、コツについては教えられなかったということだろう。だが、何よりもそのコツを世界に向けて発信するのが科学者として小保方がすべきことだったろう。実はそもそもコツなど存在しないのではないか。無い袖は振れない）

――丹羽さんは、小保方がＳＴＡＰ細胞を作るのを、その目で見たのか？　横について確認したのか？

丹羽　二〇一三年一〇月に、例のＳＴＡＰ細胞ができていくビデオを見た。小保方さんはずっと笹井さんの研究室にいたので、論文共著者でありながら私自身はそれまで彼女の実験するところを見たことがなかった。その後、プロトコルを書くに当たって、手順を見ることになった。リンパ球からT細胞を取り出すところから、STAP細胞に変わるまで、ずっと見ていた。

――何回見たのか？

丹羽　三回見た。

（したがって、ES細胞の混入はないとの主張。ただし、小保方がそもそもの培地にES細胞をつめておく細工をしておけば、丹羽の目の前でSTAP細胞はできる。丹羽は変化する七日間つきっきりでシャーレの前にいたわけではない。この時期、理研はまだ小保方のラボを封鎖していなかった）

――丹羽ラボの研究員の一年を無駄に使うことになるのか？　自分の研究員の一年を犠牲にしても小保方の再現実験を優先するほど、小保方を信頼しているのか？

（質問への回答に四苦八苦し、憔悴気味の丹羽に代わって、ここで件の相澤が口を挟んだ）

相澤　丹羽さんの研究員は使いません。特別に三人の研究者で再現してもらう。

――いったい誰に再現を依頼するのか？

相澤　それは、言えない。

――それでは、何の中立性もないし、身内で再現できたといっても、科学コミュニティが納得すると思うのか？　そもそも、オブザーバーの相澤先生は、小保方と同じ早稲田大学から理研という経歴ではないか？　いわば同門で、そんな人物がオブザーバーで中立性がある、信頼できると国民が納得するか？

相澤　それは、エモーショナルな質問だ。承服しかねる。早稲田大学出身の研究者はたくさんいる。

――国民の税金で再現実験を行うのに、最初から中立性に欠ける実験を一年も続けて、一三〇〇万円以上の税金を無駄に使って、何の意味があるのか？

丹羽　あの三月五日のプロトコル論文で、私が責任者になった理由は、私しか対応できなかったからだ。自分がやったことのない、自分が成功したことのない（実験の）プロトコルをなぜ書いたのか、という批判は甘んじて受ける。

（記者に詰め寄られ、ようやく、自らに非があることを認めた丹羽に対して、相澤の対応はまるでちんぷんかんぷんだった。この人物にとって今回の論文捏造事件は、あくまで他人事に過ぎないのだろう）

相澤　小保方、笹井、彼らは彼らの責任において再現実験を行う。

――再現できなかった場合は？

相澤　それがいちばん難しい。

――残っているキメラマウスや幹細胞の調査はするのか？

相澤　ＳＴＡＰ細胞の再現に意味があるので、残っているＳＴＡＰ幹細胞とキメラマウスの解析には何の意味もない。今残っているＳＴＡＰ幹細胞でキメラマウスを作ったところで、ＳＴＡＰ細胞の存在証明にはならない。「それはＥＳ細胞を混ぜたものでしょ」とマスコミに言われるだけだ。ＳＴＡＰ幹細胞もテラトーマ（奇形腫）も解析する必要はない。

「テラトーマの解析に意味がない」などという暴論を吐き、科学コミュニティが固唾を呑んで見守っているキメラマウスとＳＴＡＰ幹細胞の解析を行う意味を理解もせず闇に葬り去る相澤のような人間が、理研を代表して重要な再現実験のオブザーバーにいるのである。嘆かわしい話で、目の前が真っ暗になる。

相澤特別顧問は冗談めかして、

「丹羽さんが出来ないときには、小保方に（再現実験を）やってもらう」

そう軽口を叩いていた。もっとも、実際に世間では圧倒的に「なぜ小保方本人に公開実験をさせないのか」という科学の本質を無視した声が多いのも事実なのである。科学コミュニティにすら、この期に及んでまだ「ＳＴＡＰ細胞は、ある」と強弁する小保方に、オブザーバーの前で、録画しながら再現実験させるのがいちばん分かりやすいと主張する学者まで出てきている。

これもまた、小保方という特異なキャラクターに加え、テレビなどのマスコミの軽佻浮薄な報道がなせる業なのだろう。だが、こうしたある種のポピュリズム的な同情論に、専門家のなかにも同調する者がいる。税金の無駄遣いという観点からのみならず、こんなデタラメがまかり通ったことが今後の再生医療の発展に与える影響を考えると、暗澹たる気持ちにならざるを得ない。

「罠」

四月九日の記者会見で、小保方は初めて「STAP現象」という言葉遣いをして、「この論文は、『現象論』を書いたもので『最適条件』を示したものではない」と語るようになった。この点は先述した通りである。小保方は、自分が今、窮地に立たされているのは、一月二八日の記者会見で理研が、「自分が書いた論文の内容以上の誇大な発表を行った」ことが引金になった結果だと、ようやく気がついたのかもしれない。とんでもない「罠」にはまってしまった、と。実際、専門家筋では、論文には書かれていないことまで笹井が会見で明らかにした「矛盾」が、二月中旬段階で、すでに指摘されていたのである。

吉村昭彦・慶應義塾大学教授は、早い時期に研究室のホームページでこう指摘していた。

「論文の何処を探してもSTAP幹細胞（増殖可能なSTAP細胞）やキメラマウス（STAP細胞から作製したマウス）にTCRの再構成（STAP細胞を作った大元の細胞、白血球＝リンパ球がもつ遺伝子構成。STAP細胞になっても変わらず現出しなくてはならない特徴的な遺伝子構成のこと）を検出したという記載がなかった。それなのに理研の会見ではSTAP細胞にTCR再構成が検出されたのでT細胞（白血球＝リンパ球）のような分化した細胞からも万能性を有する細胞が出来たのだと説明された」が、「多くの専門家はそれはおかしいだろう、データがないだろう、と指摘した」

血液学や免疫学の研究者たちからの最大の疑義。それは、吉村教授の発言中にもある「STAP論文の中では明記されていないTCR再構成の存在を、STAPお披露目会見の席で、笹井は『ある』と言ってしまっていた」点なのである。「TCR再構成は、STAP細胞に、あるのか、ないのか」。それはつまり、STAP細胞が本当に白血球から作られた真正なものか、白血球から作製したと見せかけて、他の、たとえばES細胞やTS細胞（栄養芽幹細胞）とすり替えただけの不正行為なのかを峻別する最大のポイントなのである。

だが、はたして小保方は、STAP論文を記者会見で公表した席で、こうしたトリックに関わっていたのだろうか。そもそも彼女にSTAP細胞を作る実験以外のこうした白血球やリンパ球、T細胞などの免疫学に関する専門的な領域にまで広汎な知識があったとは考えられないのである。それでは、小保方の理解の及ばないフィールドに、架空の絵空事（TCR再構成）を描きこんだのは、誰だったのか。優秀な頭脳、笹井以外に思い浮かべられる顔があるだろうか。

「もしSTAP幹細胞やキメラにTCR再構成が見つかるとそれは『T細胞のような分化した細胞からも万能性を有するSTAP細胞が出来た』という強力な証明であり、STAP現象は揺るぎないものになる。少々の画像取り違えミスくらいでは揺るがない大発見だ。若山先生も8個のSTAP幹細胞のうち2個はTCR再構成があったと聞かされていたので強い自信を持っていたはずだ。ところが、三月五日、理研からはSTAP幹細胞にはTCR再構成はなかった、と発表された。なくても別の分化した細胞からＳＴＡＰ幹細胞ができた可能性は十分残る。しかし何らかの幹細胞、特にＥＳ細胞の混入は否定されない」（吉村研究室ＨＰより）

こうした論理構成は、小保方はともかく、笹井は熟知していたはずである。

一方、おそらく若山は当初からＥＳ細胞の混入を恐れていた可能性がある。起こりえないことが起こったのである。一番最初に心配すべきなのは、すべてを合理的に説明できるＥＳ細胞の混入である。ただし、ＥＳ細胞にはＴＣＲ再構成の目印がないからＴＣＲ再構成があれば、ＥＳ細胞の混入は否定され、ＳＴＡＰ細胞である結果に揺るぎない自信を持つことが出来るはずであった。ところが、ＴＣＲ再構成はなかったと、理研自身が文書の中に明記したのである。ここに至って若山は、確信が持てなくなったのである。それに加えてＳＴＡＰ細胞の万能性を示す重要なテラトーマ（奇形腫）の写真データが博士論文の写真の使いまわしであることが暴露されて、目が覚めたというわけだ。

理研が最も恐れること

理研と小保方の鬩《せめ》ぎ合いは、今後、法廷で争われることになっていくのか。

元東京地検特捜部副部長で官界などの汚職や不正事件の捜査に詳しい若狭勝弁護士は、こう語る。

「基本的に理研の調査委員会は『故意』であると、強く認定したのですが、今後裁判になった場合、理研が小保方博士の『悪意による』『故意による不正行為』を立証できるかとなると、結構難しいかなと思いますね。三月一四日の中間報告では、小保方博士を擁護していた理研ですが、四月一日の最終報告になって、突如、掌を返すように『悪意による不正があった』と言い切っているわけで、その不正の根拠を示さねばならなくなりました。

組織の不祥事がターニングポイントを迎え、組織そのものの存在が危うくなってくると、突如、組織はそれまでの組織の一員を守る方向から舵を切り、強気の姿勢に変わってきます。それが最近の組織の大きな特徴といえます。不祥事を押さえられるなら押さえ込もうとするが、押さえられなくなると、反転、組織防衛のためにトカゲのしっぽ切りに転じる」

理研は、もはや小保方との訴訟など大して問題にはしていないかもしれない。それよりも、小保方のラボと論文を蔭で完全にコントロールしていた笹井の問題が焦眉の急だったのではないか。笹井は、全てを知る立場にあった。論文をめぐるトリック、ここ数年の研究費の流れ。理研が行うベンチャーへの投資や予算の差配に、笹井の関与はあまりにも大きかった。理研は明確に、小保方を切る姿勢だが、笹井は守るつもりだった。その意味するところは、大きく深い闇の中にある真相に直結する。理研は笹井に真相を語られることが最悪の事態なのである。そんなことになれば、理研という組織が崩壊しかねない。

京都大学iPS細胞研究所の八代嘉美特定准教授は、

「組織として理研が対応している以上、公正性の担保を考えれば、理研側がとった処置はやむを得なかったと思います。一連の対応という意味では、初手から論文執筆過程の検証を放棄してしまったように見えることが、いちばんまずかったと思います。このことによって、問題の本質的な所在が不明となり、通り一遍のシステム論や管理不行き届きという定性的な議論となり、理研の信用の回復の困難さに拍車をかけてしまったといえます。また記者会見で述べられていた研究室封鎖の時期が遅いことは、サンプル保全の面からは最悪だったと思いますし、調査対象者が自由に出入りしてサンプルを処分したなどの憶測が可能となり（やっていないと思いますが）、かえってＳＴＡＰの存在を疑わせる傍証になってしまったのではと思います」

と忌憚のない見解をよせてくれた。

「理研は、大きな失敗をしています。研究不正や処分は『悪意をもった場合』が理研の定義です。小保方には弁護士も付いています。悪意はなく思い違いと言われれば、それでも理屈上は通るのです。悪魔や幽霊がいないことを証明せよと言われているのと同じで、ＳＴＡＰ＝ＥＳと考えて矛盾はないものの、ＳＴＡＰはＴ細胞ではないが、別の細胞もしくは、ごく少ない組織幹細胞由来であると言っても説明は出来るのです。しかも、ＳＴＡＰそのものやＳＴＡＰ由来のテラトーマなどのサンプルが残っていないので検証できないと言われればそれまでです」（吉村昭彦教授）

東大の上教授は、「小保方さんが、そもそも捏造ではないと言い出したことにはびっくりしました。全面的にそこから闘うのか」と述べている。

「四月九日の会見で、小保方が『故意ではないが、不注意などで、ES細胞が混入したかも知れない』と認めるのではないかと期待していました。それで、この問題に終止符を打つ、と」(京大関係者)

しかし、現実は科学者たちの常識を裏切るかたちで展開していく。小保方だけではなく、一一日付の新聞には、「STAP現象を「その存在を認めなければ、説明のつかない現象がある。いまだに研究の対象である」という笹井の見解も載っていた。咎められた小保方とお咎めなしの笹井だが、示し合わせたかのようなアピールである。小保方のいう「次の論文」、笹井のいう「STAPは本物の現象」が意味する先は只一つ、「STAP細胞に可能性が残されている以上、予算がまだ付けられるべきである」であろう。金なのである。

STAP細胞は、霊的現象と同じ次元の現象となっていた。見たという人は確かに存在する。だがその存在は誰にも証明することができないのである。

第4章　笹井と理研が仕掛ける「山中伸弥追い落とし」の策謀

無責任男

それは、見事な記者会見だった。

京都大学・山中伸弥教授に論文画像捏造疑惑がかけられて行われた二〇一四年四月二八日の会見のことである。過去にネットで匿名の書き込みがあったデマを、なぜか小保方の自己弁明の記者会見に合わせたかのようなタイミングで、一部のメディアが囃したてた。この事態を受けてすぐに山中はテレビカメラの前に姿を現したのである。「一点の曇りもないと断言できる」と、物見高いマスコミに少しの疑義も差し挟ませない真摯な説得力で自ら語ったこの会見は、サイエンス・コミュニティだけではなく、広く一般の人々にも「是」と、受け容れられた。

「見事な会見で、いっそう山中氏の株は上がり、信頼度は増しました。本当に見事」と、上昌広・東京大学医科学研究所特任教授が賞賛の声を上げたように、それまで続いていた理研関係者たちのあまりにも現実から遊離した「オタメゴカシ」とは次元を異にした内実ある言葉で語られた会見であった。野依良治理事長、竹市雅俊発生・再生科学総合研究センター（CDB）センター長の浮世離れした「学者馬鹿」ぶりばかりを見せつけられてきた我々にとって、山中の存在は干天の慈雨にも思えた。

その約二週間前の四月一六日。対照的な記者会見が、東京・神田で行われていた。笹井芳樹CDB副センター長の自己弁護に終始した会見である。御覧になった方はよく覚えておられよう。笹井は、自らの責任をほとんど認めようとはしない戦略でカメラの放列の前に姿を現したのである。人事は、竹市センター長の責任。実験は若山照彦・山梨大学教授の責任。論文執筆は、ファースト・オーサーの小保方晴子とラスト・オーサーのチャールズ・ヴァカンティ。論文執筆に加わったときには、すでにSTAP論文の概要は出来上がっていて、自らが関与したのは文章をネイチャー誌に掲載可能な水準にブラッシュアップしただけ、しかも自ら希望して参画したのではなく、竹市センター長に請われて、最後の二カ月だけ関わったと釈明したのである。したがって、画像の差し替えや切り貼りなど不正行為を見抜くことは土台ムリであるから、STAP論文において、捏造・改竄・盗用の不正行為に手を染められるわけがなかったと弁明したわけである。しかも、小保方は直属の部下ではなく、独立した研究室のリーダーだったので、不躾に実験ノートを見せるように要求することなどできなかった。そして記者会見の最後では、こうぬけぬけと言い放ったのである。

「私の（メインの）仕事として、STAP細胞を考えたことなどない」

この会見を、同じフィールドに立つ科学者たちはどう見たのだろう。

「評価ゼロでしょう。多くの学者が『この人の発言には信用できないところがある』と思い始めたのです」

東大医科研の上特任教授が、こう切って捨てたように、この笹井の会見はまったくの失敗であった。

「笹井さんの間違いは、あの『言い訳に終始した』会見でした。あれは、研究者の怒りをかった。たとえ、自分が上司（注・竹市センター長のこと）の命令で、表面的に関わっていただけだとしても、『共著者』というだけで責任は問われます。内容はどうあれ、二本の論文のうち、一本の論文でコレスポ（責任著者）を務めているわけですから。セカンド・オーサーやコレスポという役割を負っていたともなれば、『研究不正が見つかった論文そのものに関わった時点で、許されない』という世界共通のルールがあるわけです」

こう指摘するのは、市川家國・信州大学特任教授、理化学研究所改革委員会副委員長である。市川は、こう続ける。

「当然、笹井さんもそれはご存知のはずなのに、『ルール違反はありました。研究不正があったならば、不正の解明、原因究明、再発予防に協力します』と率先して言うべきところを、自分のコレスポ論文には問題がなかったなどと、責任回避に終始しました。もし、年度末（注・二〇一四年三月）に辞任の意向を示していたならば、あの会見で謝罪し、責任を取って副センター長を辞任すると発言した上で、CDB再生に向けて、舵を切ればよかったのです」

会見の日を境に、科学者コミュニティの笹井を見る目は一転して厳しくなっていった。それまでは、笹井の声望がまだSTAP論文への否定的な見解を何がしか打ち消してくれる効力を発揮していた。しかし、この会見が「潮目」となって、笹井は見る影もなく落魄して行くことになる。

もちろん、笹井の無責任な会見発言だけが、批判にさらされたわけではない。会見の席で「天下の秀才」の呼び声高い笹井が明らかにした「STAP現象」に関しての科学者としての主張にも多くの疑義がサイエンス・コミュニティから呈された。この点は後で詳述するが、お茶の間に記者会見の映像を流したテレビでは、自称サイエンスライターや科学部記者たちが、眉唾とは感じつつも、権威ある笹井教授の「御高説」に気圧されたか、皆、反論は出来ず、口を閉ざしていた。

そして、五月八日には重要な発表が、今度は理研から行われた。

その二日前のこと、理研調査委員会は六日の会合で、研究不正があったとの認定（四月一日の記者会見で発表）は不当とする小保方晴子ユニットリーダーの不服申し立てを退け、再調査しないとの結論をまとめている。

これを受けて理研は八日午前、理事会を開き、小保方の不服申し立てを退け、再調査しないことを決めた。制度上、再度の申し立ては出来ないため、小保方が研究不正を行ったとの認定が確定した。

理研は、この審査結果を小保方側に通知し、論文の撤回を勧告した。同時に、小保方の処分を検討する懲戒委員会も設置された。

同日開かれた理研の会見は、「小保方轟沈」を印象付けた。渡部惇・調査委員長は弁護士だというが、大変な辣腕で、小保方の弁護士とは格が違う。今回は、小保方がすでに二〇一二年のサイエンス誌への論文投稿時にもデータの切り貼りによる改竄を指摘され、「してはならぬこと」との認識は植えつけられていたはずという衝撃的な「新事実」が明かされた。この部分が読み上げられた瞬間、会見場に異様などよめきが上がった。まずは、理研の圧勝といえる。

小保方サイドは、代理人を務める三木秀夫弁護士が会見、理研からメールで知らされた旨を明かし、「再調査をしない結論も、論文撤回の勧告も不服である。問答無用で結論ありきだ」と述べているが、引かれ者の小唄である。

小保方の心中、如何とやせん！　ここはひとつ彼女に〝ご登場〟ねがい、エア・サイエンティストぶりを、リケジョ口調で誌上再現してみようではないか。

＊

ネイチャー編集部から何度もＳＴＡＰ細胞論文掲載のダメ出しを喰らった「世界の若山先生」が山梨大学に移ってくれたおかげで、「ゴーストライター」兼「通訳」兼「ボディガード」の笹井先生を紹介されたのはラッキーだったわ。

笹井先生はさすが一発でネイチャーに論文を通してくれて、おまけに記者会見で全国のオジサマ方のハートを鷲づかみにした割烹着コスプレまで準備してくれたの。割烹着とピンク研究室のおかげで、未だに「オボちゃん可哀相」って言ってくれるオジサンがいるのよ。メディア対策は成功したわ。

ね、実験ノートの書き方なんてどうでもいいの。オヤジ転がしの女子力さえあれば、年収一〇〇〇万円、ホテル住まいの理研ユニットリーダーになれるんですもの。

おかげでコピペ早稲田大学の大先輩、下村博文文部科学大臣は上機嫌。関連株はストップ高、理研は特定国立研究開発法人の指定も内定。私も年収一億円のスーパーリケジョになるはずだったの。なのに、なのに理研は私だけが不正をしたと断定して「診断書も出さなかった」「不正と捏造は明らか」「再調査は行わない」と言ってきたの。ホント、理研には失望。こうなったら、今度は理研を裁判漬けにして「初期化」しようかな。

実は博士論文で使った画像をネイチャー論文に使い回していたことがバレるまで、理研も笹井先生もまるで映画「ボディガード」のケビン・コスナーのように私のことを守ってくれていたの。

私がSTAP細胞作製に成功したっていう「特ダネ」がそう。意地悪な研究者たちが論文のアラ探しを始めて、私が動揺していると、理研のエライ人が画策してくれたわ。こっそ〜り新聞社のエライ人に電話をかけまくって、手当たり次第に「御社だけに特ダネを教える」って壮大な「魚釣り大会」を始めたのよ。

各新聞の科学部記者たちは「馬鹿にするな、その前に理研は小保方が若山に送ったキメラマウスのDNAを調べろ」って憤慨して断固拒否したんだけど、「独自ネタをあげる」という巨大な釣り針に産経新聞大阪本社だけは食いついてくれたの。

それで出たのが「ＳＴＡＰ細胞、再現成功　小保方さん、作製法公開」（「産経新聞」三月六日付）っていう記事だったわけ。

ほんとは天下のＮＨＫとか朝日新聞とか、もっと大物を釣り上げて、「ほら、データの切り貼りや画像の使い回しなんて、何の問題もなかったでしょ」って、理研も私もすべて疑惑をウヤムヤにして、騒動を終息させるはずだったのに。どこで計画が狂ったのかしら。

二月二〇日、博士論文からの画像の使い回しがバレると、ケビン笹井は突如、態度を豹変させたの。石井俊輔・調査委員長（当時）に報告して、「論文を訂正するためのデータを至急集めなさい」と言い出したの。そんなの無理。だって、画像なんて、よく撮れたものだけ後で論文に使うために「お気に入りファイル」に集めていただけだし、実験ノートも「ケルス大量移植」「陽性かくにん！」「ストレス」と書くだけで、あとは♡マークでごまかして来たから、自分が読み返してもワケが分らない。ぐすん。何年も前のことを今更、ごちゃごちゃ訊かれても、すぐに説明できるわけがないじゃない。

笹井先生に申し訳ない、と涙は流したわ。だって、丹羽先生にプロトコルと追試を押し付けて、若山先生に全ての責任をなすり付けて、二人で逃避行を考えていたんだもの。笹井先生に見捨てられたら、居場所がなくなっちゃう。ヴァカンティ先生と小島先生は帰っておいでというけれど、今回の論文はハーバード大学からもお金が出てるから、現地で容赦ない損害賠償訴訟起こされちゃう。とてもじゃないけど、渡米なんてできないわ。

それでもＳＴＡＰ細胞はありまアす。

＊

入院していた病人とはいえ、小保方の心中、察するに余りある。ピンク色の研究室で、昼はひねもす、夜は夜もすがら、笹井先生とＳＴＡＰしていたのに、今では行き場を失い、科学者生命も風前の灯なのである。理研を懲戒解雇されれば三〇歳を過ぎたポスドクなんてもう誰も雇ってはくれない。失楽園どころか、半永久的な失業者である。未だにテレビのワイド・ショーあたりでは「将来、本当にＳＴＡＰ細胞が出来たら、小保方さんはやっぱりタイヘンな人ということになりますよね」などと吐《ぬ》かしている。だが、おバカＭＣのこんな与太話、真っ先に「ありえねえだろ」とツッコミを入れているのが小保方本人かもしれない。

お公家さん

それでは、笹井芳樹の会見とは、いったい何だったのか？　一見、お公家さんのような立ち居振る舞い、いかにも毛並みの良さそうな風貌、陽の当たる場所だけを歩んできた笹井という男は、今、なぜ窮地に立たされながらも泰然としていられるのか？　この男は何を狙っているのか？

本章のメイン・テーマは、ここにある。

会見における笹井発言を抄録して、振り返ってみる。

＊

「ＳＴＡＰ現象の存在の有無に関する私の見解は、四月一日に発表した声明と同じである。ＳＴＡＰ現象を前提にしないと容易に説明できないデータがあるが、論文全体の信頼性が過誤や不備により大きく損なわれた以上、ＳＴＡＰ現象の真偽の判断には理研内外の予断ない再現検証が必要である。

一旦、検証をすると決めた以上、理論上は、ＳＴＡＰ現象は検証すべき『仮説』とする必要がある。ただし、観察データに基づいて考えると検証する価値のある『合理性の高い仮説』であると考えている。

ＳＴＡＰ現象を前提にしないと容易に説明できない部分とは、次の三点。

（Ａ）ライブ・セル・イメージング（顕微鏡ムービー）＝一〇以上の視野を同時に観察でき、自動的に撮影するので、人為的なデータ操作は実質上不可能。ＧＦＰ（「緑色蛍光タンパク質」、細胞を発光させる物質。遺伝子や細胞機能の研究に際してマーカーとして用いられる）は死細胞の自家蛍光とは別。

（Ｂ）特徴ある細胞の性質＝リンパ球やＥＳ細胞よりＳＴＡＰ細胞はさらに小型サイズの特殊な細胞。遺伝子発現パターンの詳細解析でも、ＳＴＡＰ細胞は、ＥＳ細胞や他の幹細胞とも一致せず。ＥＳ細胞は、増殖能は高く、分散培養可能。一方、ＳＴＡＰ細胞は増殖能が低く、分散培養不可。

（Ｃ）胚盤胞の細胞注入実験（キメラマウス）の結果＝ＥＳ細胞、ＴＳ細胞の混ざり物では細胞接着が上手く行かず一つの細胞塊にならない。ＥＳ細胞と異なり、分散した細胞ではキメラを作らない。

『一個人の人為的な操作』が困難である確度の高いデータのみを見ても、

① Oct4-GFP（多能性マーカー）を発現しない脾臓の血球系細胞から Oct4-GFP を発現する『他の細胞では知られていない』形質を持った小型細胞の塊が生じること。

② 胚盤胞へ注入された細胞の貢献は、ＥＳ細胞やＴＳ細胞では説明できない特別な多能性の表現型を示し、また内部細胞塊や桑実胚の細胞とも考えにくい。

①と②を統一的に考えるのに、ＳＴＡＰ現象は現在最も有力な仮説と考える」

如何だろう。サイエンス・コミュニティに身を置くものならいざ知らず、一般人には何を言っているのか訳が分からないに違いない。それは筆者も承知の上で抄録した。これを立て板に水で口頭説明されては、たとえ科学者であっても、異分野に身を置く者なら「そういうものか、なるほど」となる。

研究者たちからの反論

だが、斯道の碩学なら即座に矛盾点、疑義を表明する。この会見を聞いた広島大学名誉教授で血液病理学の難波紘二もその一人である。

専門家である難波の反証も当然難解である。一般読者諸賢には笹井の会見が、実はツッコミどころ満載の怪しげなものであったことを知って頂ければ十分である。取材に難波は以下のように答えてくれた。

＊

「『STAP現象』という用語はネイチャー論文では『核移植や転写因子の導入によらないで、細胞のリプログラミング（初期化）が生じる現象』という意味で用いられている。

これは『STAP細胞ができる現象』という意味だが、STAP細胞ができたということ自体に多くの疑問が投げかけられたので、この用語の使用を避け『STAP現象』として意味をぼかしたものと考えられる。

ネイチャー論文では、

純粋なリンパ球からSTAP細胞ができる動画があること。

できたSTAP細胞にTCR遺伝子の再構成が認められること。

この二点がＳＴＡＰ細胞（ＳＴＡＰ現象）のもっとも重要な根拠とされている。

しかし、四月一六日の笹井会見では、

〈ＳＴＡＰ現象を前提としないと説明できないデータがある。検証すべき仮説だが、観察データを見ると検証価値のある合理性の高い仮説と考えている。（１）体細胞から多能性を持つ印が現れる様子が動画で撮れていること。（２）ＳＴＡＰ細胞は非常に小さく、胚性幹細胞（ＥＳ細胞）などの他の幹細胞と特徴が一致しない点。（３）細胞が混ざり合ったキメラマウス実験の結果などは、他の説では説明できない〉

と説明しており、ＴＣＲ遺伝子再構成が根拠から落ちている。体細胞からＳＴＡＰ細胞ができることの証明にこれは欠かすことができない。単一細胞を釣り上げて培養したのではなく、ＦＡＣＳ（蛍光抗体で染色した細胞を液流に流し、レーザー光線を用いて細胞が発する蛍光を測定する機器）でソートして来た不均一な細胞集団を培養しているのだから、もともと潜んでいた別の幹細胞が増殖した可能性を排除するには、体細胞で唯一、不可逆的な遺伝子再構成という目印があるＴ細胞がＳＴＡＰ細胞になることを証明するのは欠かせない。

自動焦点式の動画では、マクロファージ（免疫細胞）が活発に動いて、蛍光を発する細胞を貪食しており、アポトーシス（機能的細胞死）に陥った細胞を食べているだけだという指摘がある。この可能性がある以上、動画は信頼性が薄い。

透過電顕の写真で、元のＣＤ45＋細胞と培養七日目のＳＴＡＰ細胞の形を較べているが、後者は切片が斜めに切れているだけで、核の全体が写っていない可能性がある。実際、写真に挿入されているスケールバーを見る限り、両者の核最大径は、ほぼ6ミクロンであり、差がない。細胞の比較には塗抹標本のギムザ染色（血液細胞の染色法のひとつ）が必要である。したがって、このデータそのものに疑問がある。また、この細胞がCD45＋T細胞由来という証拠はない。

会見では、

〈現状で残っているキメラマウスやテラトーマの遺伝子解析については『STAP細胞を作った元のマウスは特殊なものではなく、普通に解析しても（STAP現象の）否定にも肯定にもならない』とした〉

のに、他方で、

〈『ES細胞の混入』を疑う点については『（論文発表前の反証仮説として）真っ先に考えることのひとつ』としたうえで、『説明できない面が多い』『ES細胞が混ざれば、遺伝子解析すれば分かる』と指摘した〉

と述べているのもおかしい。

ここには発言の矛盾がある。若山氏が再検査しているように、理研に残った材料をまず遺伝子解析してES細胞由来のキメラでないことを確認してから、再現実験の必要性を判定するのが先決。

〈今回は多くのシニア研究者が複雑に入る特殊なケースで、現実的には大量の作業の中で、過去

のデータを一つ一つ確認するのは困難だった〉

〈一個人の人為的操作が困難な確度の高いデータのみを見ても、ＳＴＡＰ現象は現在、最も有力な仮説と思う〉

この二つの発言にも矛盾がある。

多段階にわたる複雑な実験系だったのは事実だが、いちばん問題にされているのはＳＴＡＰ細胞を作製する過程とそこから作られたＳＴＡＰ幹細胞で、それには小保方しか関与していない。この過程にはいくらでも人為的な操作が可能であるから、『確度の高いデータ』とはいえない。『ＳＴＡＰ現象（ＳＴＡＰ細胞ができること）は現在、最も有力な仮説』と主張しているのは、理研再現実験を一年かけて続行させるための弁明にしか思えない。

但し、『ＳＴＡＰ細胞が論文どおり作製できるかどうか』は、六月中に実験が終わるとされており、実験が確実に再現されなければ後の段階の実験は中止されるものと考えたい」

＊

いかがだろう。会見では文系記者たちを煙に巻くことくらい何の苦労もなかったろうが、同じフィールドに立つ専門家がつぶさに見れば、矛盾だらけの「立て板に水」だったことが判明してくる。こうした科学的な反論は他にも多数あるが、なかでも東北大学大学院教授、日本分子生物学会理事長を務める大隅典子のブログ「仙台通信」は真に注目に値する。難波の指摘と併せて御覧頂きたい。

著者も会見場において笹井にこう迫っている。

【著者】小保方論文には、四人の特徴的な文体が見受けられる。そのうち二つはネイティブ・イングリッシュで、一つはコピペしたドイツ人研究者の文体。もう一つのネイティブ・イングリッシュはヴァカンティのものと思われる。ただし、論文の後半に行くにつれ、文体は一人の人物によって書かれたもののように統一されている。このことから、笹井先生が、レター（追加論文）を全面的に書き直したのではないかと指摘されている。笹井先生は、もとの論文から、どれくらい書き直しをされたのか？

【笹井】二〇一二年の春に若山さんと小保方さんが出したときの論文は、当時の副センター長である相澤先生と西川（伸一）先生が読まれて何が必要なのかアドバイスをした。

その後のユニットリーダー面接を受けた後に、（小保方と若山が）直されたバージョンを見た。図表単位ではきちんと完結していたが、論旨の飛躍がかなりあったので、それぞれの段落ごとにどんなロジックを立てるべきなのか、小保方さんの横に座って、ディスカッションしながら直していった。

【著者】ＳＴＡＰ現象について共著者の間でもＳＴＡＰ細胞が万能性を示すところで疑義が生じているように見える。特に、丹羽先生、若山先生の発言を聞くと、ＳＴＡＰ細胞が幹細胞になって多能性を持つところの信頼性が揺らいでいるように思える。そこの部分を笹井先生が加筆したのか？

【笹井】いえ、そうではない。

【著者】しかし、そうなると論文に矛盾点が出てくるが？

【笹井】現在、数々の疑義が生じているのはアーティクル（主論文）の方であって、これは若山先生と小保方さんが主に担当した箇所だ。私が全面的に書き直したのは、レターの方で、レターとしての論文については不正は認められていない。

【著者】ＳＴＡＰ細胞があったかどうかが問題なのでは？　今日の笹井先生の会見を聞いていると、ＳＴＡＰ細胞とＳＴＡＰ現象の言葉を使い分けているようだが？

【笹井】ＳＴＡＰ現象とは、筋肉なりリンパ球なり、特定の部位になるはずだった細胞が他の細胞になり得るということ。ＳＴＡＰ現象とＳＴＡＰ細胞は同義だ。

【著者】小保方さんにしかＳＴＡＰ細胞が作れないという言い方は、シェーン事件（米国ベル研究所の研究員ヤン・ヘンドリック・シェーンが高温超伝導を観測したと嘘を発表した事件）や黄禹錫ソウル大教授の捏造事件（世界で初めて体細胞由来のヒトクローン胚からＥＳ細胞を作製したと嘘を発表した事件）と同じで、これまでの論文捏造のケースと軌を一にする。なぜ、ＳＴＡＰ細胞のプロトコルは、誰でも再現できるような論文になっていないのか。丹羽氏が代行したプロトコルの執筆は、本来、笹井先生がすべきだったのではないか？

【笹井】私どもも、論文が（最初に）却下されたＳＴＡＰ細胞の二〇一二年のプロトコル・バージョンではなく、二〇一四年バージョンの実験データが必要だと思っていた。ただ、今回の論文については、アクセプト（掲載決定）から記者発表までが、極めて早かった。このため短期間の間に、より詳細なものを再発表する準備をしていたら、今回のような（再現困難な）プロトコル発表になってしまい、二〇一二年プロトコルの改良が出来なかった。

余談であるが、丹羽が、三月五日に発表した、いわゆる「二〇一四年バージョン」のレシピ＝プロトコルに従っても、細胞にストレスを与える溶液さえ作れないことはその後、八月二七日の理研の会見で明らかになっている。つまり、ＳＴＡＰ細胞作製以前の段階であり、まったく笑えないお話なのである。

笹井会見で明らかになった、いまひとつの驚くべき事実は、苦しい弁明を続けた笹井を筆頭に、論文の共著者が誰一人、論文投稿前に、プロトコルに沿ったＳＴＡＰ細胞実験を一度も行っていなかったことである。

【著者】笹井先生は、実験途中でＳＴＡＰ細胞ができる過程を、実際に見たのか？

【笹井】私は、実験したことはない。私の研究室で小保方さんがＳＴＡＰ細胞を作り、撮影していく過程を見ている。

血液病理学の専門家である難波が問題視した、STAP細胞がマウスの白血球（T細胞）から作られたことを証明する、遺伝子解析実験において白血球（T細胞）由来の遺伝子配列、TCR再構成がなかったことについて、笹井は実に不可解な説明を行った。STAP細胞にTCR再構成が見られないという事実は、STAP細胞が何から作られたものか、説明がつかないということである。だが笹井は、「T細胞由来の遺伝子は、母親、父親から引き継ぐものなので、TCR再構成が見られなかったからといって、STAP細胞から分化したことを否定する材料にはならない」と強弁する。それに加えて、医学的な見地から言うと、T細胞は、キラー細胞とも言われる細胞で、マウスや人の体内に入ってきた病原体を殺すために、自ら姿を変えるという特殊な能力をもつ。さらにT細胞は、自らの細胞内に、この病原体の情報を記録し、取り込んでいく。いわゆる「免疫」といわれる生体の防御システムなのである。

このため、もともとT細胞には、病原体を殺す性質上、遺伝子配列が不安定という特徴がある。

しかも、このトリッキーな、なんとでも言い逃れのできる余地を作ってくれる、特殊な性質をもつ細胞であるT細胞をあえてSTAP細胞作製に使うことを提案したのは、元理研CDB特別顧問の西川伸一であったと、笹井は会見で述べたのである。西川がSTAP細胞捏造事件の全貌を知る立場にいることを強く示唆する発言であった。少なくとも、小保方の研究不正が彼女個人の不正ではなく、理研CDB、理研幹部をも巻き込んだ組織ぐるみであったことを匂わせている。

西川は、STAP細胞論文発表時に、ニコニコ動画の自ら主宰する番組の公開生放送中に、慶応義塾大学医学部の吉村昭彦教授から「TCR再構成が見られない点について」質問を受け、「大したことではない」と言い放った御仁である。どうやら笹井や西川は、血液学や免疫学の世界での学問常識とは異なる認識に立っているようなのだ。これを観た科学者の多くは、STAP細胞の存在に、最初から疑念を持つことになる。

つまり、STAP細胞からは、STAP細胞の元になったはずの細胞の遺伝子が、検出されないという根本的で決定的な欠陥が存在していたわけである。本来であれば、その矛盾と致命的欠陥を小保方に質し、ユニットリーダーに相応しい資質の有無を厳しくチェックしなければならない立場の理研CDB幹部が、小保方仮説の矛盾点を追及するどころか、論文発表後、ほかの研究者から疑問が表明されたときに、上手く受け流して問題の表面化を避ける弥縫策があらかじめ用意されていたということだ。この論文への疑惑・疑問の浮上を想定し、小保方の採用試験当初から言い訳を用意したのが、西川伸一・CDB副センター長(当時)だったのではないか。西川にとって、笹井が「ネイチャー」誌掲載のために論文を代筆することも、小保方採用前からの規定路線だったのかもしれない。

こうした特殊な性質を持つ細胞からSTAP細胞は作られたという「設定」になっていたため、STAP細胞論文発表当初は、その存在に懐疑的であった研究者も、免疫学や血液内科といった専門性の高い分野の領域ゆえ、声を上げずに黙ってことの成り行きを見守っていた。そのような中、前述の難波や吉村、金川修身(ワシントン大学出身、理研OB、明石市立市民病院研修担当部長）といった免疫学の専門家が、真っ先に、このSTAP細胞論文の矛盾とトリックを看破したのである。

二月中旬、免疫学の専門家たちから、続々と疑義の声が上がると同時に、海外の研究者からも「再現できない」という疑問が噴出する。この時点で、すかさず理研は組織防衛に入る。心労で心療内科に入院加療中の笹井に代わって、レター（追加論文）の共著者の丹羽がSTAP論文のプロトコルを書き上げ、二月五日に発表したことは、すでに書いたとおりである。

そのプロトコルの中に、丹羽がさりげなく仕込んだ短い文章――「STAP細胞に、TCR再構成は見られなかった」――が、若山に大きな衝撃をもたらしたことは、第3章に取り上げたとおりだ。この一文がプロトコルに差し挟まれたことを契機に、若山が手許に保管してあった試料を再検証し始めたのも前述したとおりである。論文共著者という「身内」から敗北宣言が出たにもかかわらず、笹井の強弁は続いた。

【著者】TCR再構成がないことは、（笹井流に）説明できても、STAP細胞が存在する論拠には乏しいが？

【笹井】科学論理の組み立て方の問題だ。遺伝子解析をしたときに、STAP細胞が今まで知られている細胞でなかったことは事実である。

【著者】今回、不正と指摘された、全身と胎盤が緑色に光るマウスの写真は、STAP細胞の万能性を決定付ける重要な写真であるにもかかわらず、その重要な写真は、小保方氏の博士論文と同じ写真だった。博士論文と同じ写真が使われていることが発覚したときに、「些細な間違い」と石井調査委員長に報告したのはなぜか？

【笹井】私は、「些細な間違い」という表現はしていない。写真の問題については、二月一八日、まず電話で小保方さんから聞いた。博士論文に載せたものを、「ネイチャー」論文に投稿することが不正であるか、もしくは写真のデータ自体が間違っているかの二点の問題がある。確認したところ、博士論文は早稲田大学の内部的なもので、雑誌の投稿に使うことは問題ないとなり、不正流用ではないことが確認できたので、二月二〇日に石井（俊輔）委員長に報告した。若山研究室時代の写真もあった。

笹井の発言は、まさに噴飯もので「そういう問題ではないでしょ」と誰しもツッコミたくなるが、御当人には論点のすり替えの意識すらなかったのだろうか。大学内部の写真だから、公的な商業雑誌に転用することは法的に許されている。笹井はそう言うのだが、むろん、そういう問題ではない。以前に書いたテーマの異なる論文に載せた写真を使って、ＳＴＡＰ細胞の存在を証明しようとする小学生でも嗤うような論理破綻と惨めな滑稽さを笹井が何とも思わなかったとしたら、そのほうが不気味かもしれない。

ＳＴＡＰ論文で使われた写真の画像の不正、不正疑惑は、二点である。

まず、STAP細胞から作られたという臓器の写真が、早稲田大学の博士論文の写真と同じであったことが、第一点。

次に、万能性を示して胎盤と胎児の全身が緑色に光る二枚の写真が、同一の写真の使い回しであることが、第二点。しかも、STAP細胞が万能細胞であることを示す、この緑色に光る写真の撮影に際して、マウスの子宮内から、仔マウスが臍の緒がついた状態で、胎盤と胎児が一緒に取り出された現場を誰も見ていないのだ。

STAP細胞の存在を示す唯一の物証「胎盤と胎児全体が緑色に光る写真」は、TS細胞（胎盤の幹細胞）から人為的に作った胎盤とES細胞から人為的に作った胎児を合成して「胎盤と胎児が光る写真」を捏造した可能性が高いのである。これだと、胎盤も胎児も「光っているかのように見える」ためだ。

念のために強調するが、小保方の早稲田大学に提出した博士論文のテーマは、「三胚葉由来組織に共通した万能性体性幹細胞の探索」であり、STAP細胞ではない。

恫喝

淀みなく語り続けた笹井という男は、どのような人間なのだろう。

一九八〇年、愛知県立旭丘高等学校卒業。一九八六年、京都大学医学部卒業後、神戸市立中央

病院で研修を受け一九八八年、京都大学大学院医学研究科に入学。一九九三年、博士号取得（京都大学・医学）。一九九三年、カリフォルニア大学ロサンゼルス校（ＵＣＬＡ）医学部客員研究員。一九九六年、京都大学医学部助教授（生体情報科学講座）。一九九八年、新設された京都大学再生医科学研究所教授に三六歳の若さで就任。二〇〇〇年、理化学研究所ＣＤＢグループディレクター兼任。二〇〇三年専任になり、二〇一三年よりＣＤＢ副センター長。

エリート街道まっしぐらのサラブレッドである。極端な話、京都大学と理研というメイン・ストリームしか知らない温室育ちでもある。この点、神戸大学出身で、決して一流とは言い難い大学や研究所をあちこち渡り歩いてきた傍流人生の山中伸弥とは対照的な人生行路である。

山中は、整形外科の臨床医時代、通常二〇分で終えられる手術に二時間かかったり、点滴に何度も失敗したりという逸話の持ち主である。指導医から「オマエは『山中』ではなく、『じゃまなか』だ」と邪魔者扱いされ、「向いていない」と痛感したという。そんな山中が、臨床医から研究の世界に移ったとき、すでに笹井はＥＳ細胞で名声を確立していた。山中はこの分野の手ほどきを笹井一派から受けている。当時手ほどきした一人には、丹羽がいる。理研で小保方論文に関わり、今は再現実験を任されているあの丹羽である。狭い世界なのだ。

生年が一九六二年と同じ笹井と山中だが、途中までは俊英と落ちこぼれ、交わることのない人生を歩んでいた。その後の山中の躍進ぶりは、知られている通りである。二〇〇六年八月二五日の米学術雑誌セルに論文を発表、マウス人工多能性幹細胞（マウスｉＰＳ細胞）を確立した。翌二〇〇七年、さらに研究を進め、人間の大人の皮膚からヒト人工多能性幹細胞（ヒトｉＰＳ細胞）を生成する技術を開発、論文をセルに発表し、世界的な注目を集め、二〇一二年にノーベル生理学・医学賞を受賞した。亀がうさぎを追い越した瞬間であった。

巷間、広く知られるように、笹井がＳＴＡＰ細胞で山中を再逆転してやろうと目論んだことはやはり事実だろう。「ＳＴＡＰなど、ただのお手伝い」と、本人がどれほど強弁しようが、本心は違っていたはずだ。だが、地べたを這うような体験がない笹井は、意外にも呆気なく騙された。利用したつもりの小保方に利用されてしまう。名声にはキズが付き、週刊誌には小保方との男女の仲まで書き立てられ、臍《ほぞ》を噛んだに違いない。

ここまで窮地に立たされた笹井だが、サイエンス・コミュニティでは、当時、こんな噂話が囁かれていた。

「笹井の報復が、始まる。いや、すでに始まっている」

自分の立場にキズを付けたり、矢を向けたり、まして矢を射掛けた者たちには、情報戦で容赦ない仕返しを行っている。調査委員会の石井前委員長をはじめ、委員たちの過去の過失が表面化したのも山中伸弥のＥＳ細胞論文（における画像加工疑惑）にまで飛び火したのも、どうやらそういうことではないかと怖れられていたのである。

著者は、笹井が若山にまで恫喝的な言辞を弄したという証言を得た。そこで、若山の関係者に質問状を送ることにした。

【問い】笹井芳樹氏ないし、理研や山梨大から、（日本の再生医学、バイオ研究を続けられないという危機感を抱かれるほどの）かなりの圧力がかかったと伺いました。多少なりともあったか否か確認させて欲しい。

【回答】圧力の件ですが、山梨大からは、まったくありません。それどころか学長が一番の味方となり、外部からの圧力を非常にうまくかわしていました。（略）他からの圧力に関しては（略）申し訳ありませんが、この件はこれ以上お伝えできないのです。

山梨大の圧力はない、と明言したが、関係者の口からはついに笹井の名前は出てこなかった。

笹井の野望

五月六日の調査委員会の「再調査せず」との決定を受け、理研は筆頭著者である小保方晴子ユニットリーダーのほか、共著者の処分検討の段階に入った。

だが「小保方個人による不正行為」と断じた調査委員会の結論から「小保方だけが懲戒免職になるトカゲのしっぽ切り」を予想する研究者は多く、実際にＳＴＡＰ論文問題を検証する「研究不正再発防止のための改革委員会」の岸輝雄委員長（東大名誉教授）は、四月一六日の笹井の会見の二日後、「名前を連ねた以上、応分の責任をもつべき。ある部分は知っているが、ある部分は知らない、ということはふつうあり得ない」として、笹井の監督責任に言及した。

「笹井は、官僚口調に徹した記者会見で研究者からの信頼を失いました。それでも笹井には理研に残らねばならない理由があるのです」（幹細胞研究者）

理研は二〇一四年九月、実際に人間の眼球の網膜にiPS細胞由来のシートを移植する「臨床試験」を行った。

iPS細胞といえば、前述の通り、二〇一二年に山中がノーベル生理学・医学賞を受賞した「万能細胞」だ。一月末の小保方の記者会見で「iPS細胞は癌化する」とまでこき下ろした理研がよりによって世界初のiPS細胞による治験を実施したのだ。

臨床試験を担当する高橋政代医師は、京大医学部から理研に移り、iPS細胞やES細胞などの万能細胞を医療に応用させる研究に従事してきた臨床医だ。

「高橋医師の夫は山中教授が所長をつとめる京都大学iPS細胞研究所の高橋淳教授で、高橋夫妻が主導するiPS細胞の臨床試験自体に問題はないのです」（同）

ところが資料を精読すると珍客が多数紛れ込んでいることに気づく。臨床試験の舞台となる「先端医療センター病院」の運営母体「先端医療振興財団」の幹部には小保方を研究ユニットリーダーに抜擢した竹市雅俊CDBセンター長と笹井以下、退職者も含め四人もの理研関係者が名を連ねていたのだ。

「安倍政権はアベノミクス第三の矢としてバイオ研究を掲げてますが、バイオ分野は小保方論文と同じく再現できない論文が多く、米国政府は今春、不採算分野と断じてバイオ関連の研究費を廃止しました。このため米国では研究所が次々閉鎖しています。同分野で収益を上げられるのはiPS細胞研究のみ。成果主義を掲げる野依理研では政治力を駆使して京大が主戦場であるiPS細胞研究の主導権を奪い取る必要があるのです」（同）

iPS細胞研究には、年間一四〇億、一〇年間で一〇〇〇億円超の予算がつけられている。

「メディアは小保方問題にiPS細胞が巻き込まれた背景について笹井に対抗心があったとミスリードしていますが、成功者への妬み、功名心といった感情論ではなく政治的な問題です。山中は神戸大、大阪市立大を経て、奈良先端科学技術大学院大でiPS細胞を開発し、その後、笹井の後任として、京大教授に就任しました。先端医療振興財団の幹部は京大プロパーで占められており、ノーベル賞をとったからといって、山中の研究体制は盤石ではありません」（同）

それを証明するように、週刊誌に山中の論文不正に関する記事が掲載される数日前から、山中が共著者に名を連ねる論文の画像について、京大内部から疑義の声が上がっていたのだ。留学生が手掛けたというこの実験画像については、一年前から不自然さは指摘されていたが、この時期に俎上に載せられたのは単なる偶然だろうか。

「山中が主宰するiPS細胞研究所（CiRA《サイラ》）に所属する研究者の論文に疑義がないか、誰かが必死で調べているようですね。小保方問題は日本人研究者の信用を貶め、論文掲載の機会を奪っただけでなく、貴重な予算と研究時間を削って、論文検証作業や不毛な中傷合戦を生みました。日本人研究者の信頼回復には時間がかかるでしょう」（同）

笹井が目論んだ野望とは、iPS細胞研究の実権を手中にすることだったのではないか。「ノーベル賞」という「名」は山中に持っていかれはしたが、気が付けば臨床試験をはじめとする「実」は、笹井と理研が握ろうとしていた。こう読んで、大筋、間違いはない。今後この分野に付けられる予算は膨大だ。予算を割り振る権力を握りさえすれば、土建業界の権力構造でのように頂点に立てる。古い土建屋的体質の理研関係者はそう考えていたのだろう。

一方、山中の支援者にはSNS社会の大立者が揃っている。新しい情報産業分野の知恵者である。理研の土建屋体質に対する戦い方は知悉しているはずである。多くの辛酸をつぶさに舐めてきた山中の政治的な場での身の処し方は、笹井より一枚も二枚も上手だったはずだ。手をこまねいて、iPS細胞が理研サイドの利権と化すのを傍観するようなことはなかったろう。だが対応をひとつ誤れば、いつの間にか笹井と理研の風下に立たされる事態になることは十分に予想された。

STAP細胞捏造事件は、図らずも再生医療界における権力闘争の構図を鮮明に炙り出す触媒となった。その意味でSTAP戦争と呼んで差し支えない。京都と神戸を主戦場《バトルフィールド》に、東京の政界を巻き込んでの科学者たちの攻防、STAP戦争は、いずれにせよ今、第一幕が開いたばかりである。

第5章　理研を蝕む金脈と病巣

「もう耐えられない」

二〇一四年七月二日、英科学誌「ネイチャー」が、一月三〇日付の同誌に掲載された「STAP細胞論文」の取り下げを発表した。

このネイチャーの決定は、STAP細胞論文が引き起こした大きな問題のひとつの区切りとなった感がある。科学の世界に生起した捏造事件が、これほど世を騒がせた事例も珍しい。間違いなく、戦後最大の論文捏造事件となろう。

強烈な破壊力を持つカリスマ・リケジョがヒロインとして登場したことと相俟って、国民的関心の的となっていたのである。テレビのワイド・ショーの取り上げられ方を見ても、なかなか消費し尽くされないスキャンダルであった。

その二日前、六月三〇日、理化学研究所が、これまた、ひとつの画期となる発表を行っていた。STAP細胞作製実験に、小保方晴子本人を参加させる旨を発表したのである。理研自らが、不正を行ったとして小保方を断罪したにもかかわらず、こうした決定を下したことには、全く納得がいかない。同時にこのように次々と話題を提供し続け、ついに消費し尽くされることのない小保方というキャラクターは、科学者コミュニティの住人、とりわけ万能細胞研究に従事する真面目な研究者を苛立たせていた。

理研の高橋政代もその一人だった。

高橋は、ｉＰＳ細胞で目の難病（加齢黄斑変性）を治療する世界でも初めての臨床研究を進めている科学者で、笹井芳樹・ＣＤＢ副センター長と同様、京都大学医学部から理研に移籍した経歴を持つ。その高橋が、自らツイッターで「理研の倫理観にもう耐えられない」と投稿したのである。ｉＰＳ細胞（人工多能性幹細胞）の「治療については中止も含めて検討」すると。

その反響の大きさに、理研も対応せざるを得なかったのだろう。七月二日付で公式ホームページに以下のコメントを掲載した。

「お騒がせして申しわけありません。

現在移植手術に向け細胞培養を行っている患者さんの臨床研究については順調に推移しており予定通り遂行します。ネット上で「中止も含めて検討」と申し上げたのは、様々な状況を考えて新規の患者さんの組み入れには慎重にならざるを得ないというのが真意で、中止の方向で考えているということではありません。臨床研究そのものには何の問題もありませんし、一刻も早く治療法を作りたいという信念は変わっておりません。理研が一日も早く信頼を回復し、患者さんが安心して治療を受けられる環境が整うことを期待しています。

高橋政代」

日を置かず、高橋は神戸で記者たちとの懇談会を開催している。午後六時に現れた高橋は、柄物のブラウスに紺のタイトスカートというでたちで闊達に語った。

「和光（理研本部のある埼玉・和光市）の方まで距離がある。ここから意見を述べても届かないこともある。（野依良治）理事は怒っているでしょうが、これで意見は届いたかと……クビになるのも覚悟、しょうがないと言いましたが、（実際は）そこまで覚悟はありません（笑）。これでクビになるかな、なんて一〇％くらいしか考えないで、書きましたよ。（理研存続をかけた研究担当者の自分を）クビにはしないでしょ」

こう言って、野依理事長を始めとする幹部への抗議声明であったことを仄《ほの》めかす。実際、高橋へは「ツイッターの発言は軽率」といった批判が多かったことは事実だったものの、バッシングを受けて「（おかげで）本番のリハーサルができました」と、さばさばした表情で語りだした。

【記者】ＳＴＡＰ問題が、全部片付いてから、臨床試験に臨みたかったのでは？

【高橋政代】もちろん、それがベストである。もっと早期に収束していれば、あんな発信もしなくてよかった。

【記者】同じ建物で、あの小保方が実験をしているという環境で、世界初の臨床試験をしなくてはならないことに不安はあるか？

【高橋】いえ（笑）、横でやっているから不安なのではなくて、理化学研究所が、ｉＰＳ細胞の臨床試験について、どういう位置づけで、どう思っているかすら、あやふや。ネットでの発言にも敏感にならざるを得ない。理研は何を考えているのか、という不信感はひしひしと感じる。実際には、ＣＤＢも、そんなに問題のあるところではない。だが、神戸と和光では距離が遠すぎる。……しかも、臨床試験を準備する段階になって、小保方さんの問題がきっかけで、データの検証など、さまざまな作業に追われることになった。

お分かりだろうが、ｉＰＳ細胞を初めて移植する手術を前にして、誰もが疑念を懐いている。そんな中で行わなくてはならないのは荷が重すぎる。

移植手術は秋だから、今から言っておかなくては、環境整備は間に合わない。安心してスタートを切るために、発信することも、時間も必要だった。とは言うものの、すでに臨床試験を承諾してくださっている患者さんにｉＰＳ細胞の準備もしなくてはならない。理研が疑いの目で見られているからと言って、待っている患者さんがいるのに中断すれば、それはそれで倫理的に問題である。

ただし、最初の一人の患者さんの手術を終えたあと、この（現状の理研の）環境で次々と患者さんを抱えるのは負担が大きすぎる。秋以降になると法改正が行われるタイミングもあり、ｉＰＳ細胞を用いた加齢黄斑変性の臨床試験は、一例目を行ったあと、理研の倫理委員会主導の臨床試験ではなく、治験に移行することも考えている。

【記者】臨床試験を中止して、治験に移るということは、理研と「ヘリオス」抜きで、治験を行うということか？

【高橋】そういうことになる。

この高橋の発言の意味は重たい。つまり、理研主体の臨床試験は、一例を以て終わらせる。理研との決別宣言といってよい。しかも、それなら理研にも、そして理研が傘下に置くベンチャー企業「ヘリオス」にも、義理は果たすことができる。

ここで、「臨床試験」と「治験」とは何であるかを区別しておく。

まず、人を対象にして行われる治療を兼ねた試験全般を「臨床試験」という。「臨床試験」の中には、将来的に医療分野での応用（新薬や医療用具の開発など）を目的としない治療も含まれる。

これに対し、「治験」は、新たな治療法、治療薬を国に承認してもらうために、四段階にわけて、安全性と効果に関するデータを集めるための治療・試験をさす。もし、治験の途中で被験者に著しい有害事象が起きたり、治験が関連して死亡するなどの事態が起きたときには、即座に中止となる。また、新しい治療薬、治療法が、既存の治療薬や治療法に比べて、効果が高いこと、特筆すべき特徴があることが認められない限り、国から治療に使って良いという承認はおりない。

科学には予防措置原則と呼ばれる考え方がある。新技術に対して、環境に重大かつ不可逆的な影響を及ぼす仮説上の恐れがある場合には、因果関係が十分に立証出来ない場合でも、規制を行うことが出来るという考え方である。一見、科学技術を退行させるような、後ろ向きに見える考え方だが、これは未知の副作用（重大かつ不可逆的な影響）が発生した場合に誰が責任を取るのかという疑問に端を発している。例えば新薬を投与した場合、患者の致死的な症状は改善するが、副作用により死に至ったとしたら、その責任は誰が負うのか。誰もその患者を生き返らせることは出来ないし（不可逆的）、したがって責任を取ることが出来ないのは明白である。

ただし患者に死の危険が迫っているとして、その致死的症状を改善させる可能性があるとすれば、患者は別の副作用で最終的に死に至るとしても服薬したいと望むかもしれない。生物の個体差は大きく、一％でも死に至らない可能性があるとしたら、服薬を試みたいと考える人間もいても不思議はないからである。患者にとっては「生か死か」であり、「生」に入る可能性に賭けたいと考える人間もいるだろう。この場合、動物実験が十分になされた段階で、患者に対し十分にリスクを説明し、試験的な段階であること、メリットとデメリットがあること、デメリットは重大かつ不可逆的であることを患者が理解した上でも、なお服薬したいと考えるなら、治験の枠組みで試験的に服薬できる制度がある。もちろん患者の自己決定を最大限配慮するために、制度のルールは厳しく定められている。

「臨床試験」と「治験」は監督官庁も異なっている。「治験」は、厚生労働省が監督官庁である。治験が新しい治療薬、治療法、治療機器を国に承認してもらうための検証実験である事の本質上、薬事法に則って行われるものなので、厚労省が主務官庁となっている。

また、治験を申請する製薬会社や医師と実際に治験を行う病院との連絡や治験に関する実務は、第三者機関が請け負う。そのため、治験を申請している側が、病院や患者に圧力をかけたり、データを改竄するなどの不正への防止策が講じられている。さらに都合の良いデータだけが公表され、都合の悪いデータを隠蔽するおそれがあるため、世界保健機関（WHO）が定めた治験・臨床研究登録機関にあらかじめ、治験の情報公開を行ったうえで進められる。

これとは別に、WHOの方針に沿って、医学雑誌に投稿される臨床試験結果の論文は、事前に「プロトコル」を登録、一般公開する義務が課せられている。小保方や理研のSTAP細胞に関する記者会見では、詳しいプロトコルの公開を特許侵害のおそれがあるという理由で頑なに拒んできたが、このような屁理屈は怪しげなバイオ研究者にしか通じない。とんちんかんな小保方は、人の医療への応用を語っていたが、マウスやサルの動物実験によるバイオ研究ならいざ知らず、医学雑誌や医療を主戦場にした人への臨床試験では、薬事法違反に抵触しかねない蛮行なのである。

「臨床試験」の監督官庁は、行政上、厚労省だけに限られていない。大学病院や医学部で行われる臨床試験は、治験と同じルールに則り、臨床試験登録システムを活用しており、一定の透明性が確保されている。

ところが、大学や研究機関を統括する文部科学省は「基礎研究から、医療の実用化がなされるまでのタイム・ラグの間に多くの患者が死亡する『死の谷』が存在する」として、まだ動物実験中の研究をいきなり「臨床試験」に応用するという「橋渡し研究支援推進プログラム」（二〇一二年度からは「橋渡し研究加速ネットワークプログラム」）を二〇〇七年度から進めてきたのである。国民の知らぬ間に、「臨床試験」の承認にまで文部科学省研究振興局ライフサイエンス課が乗り出していたのだ。

治験は、データ改竄などの研究不正が行われた場合、薬事法の罰則規定に基づき取り締まることができるが、臨床試験には学会によるガイドラインはあるものの、法整備はまだなされておらず、それに伴う罰則規定もない。文科省ライフサイエンス課には、厚労省における薬事法という法的根拠に相当する法精神が稀薄なため、たとえ実際の難病患者や健康な被験者相手に研究不正が行われたり、深刻な有害事象が発生しても「法規制がない」という言い逃れの下で、研究者の暴走や研究不正、隠蔽工作を黙認しかねないのである。

こうした臨床試験という制度上の盲点と法律の不備をついて、「先端医療」「再生医療」「バイオ工学」「生命科学」などという新しい学問分野を騙る似非科学者たちが、医学の臨床現場と基礎研究の狭間にポッカリ空いた「フリーゾーン」に、跋扈しているわけである。しかしながら、基礎研究から臨床応用できる技術など、本当にごく僅かなものなのである。出来もしないことを分かっていながら、バイオの時代を謳う工学出身の研究者たちは「あれも医療に応用可能、これも医療に応用可能」と並べたてる。

だからこそ、理研CDBの高橋医師は、「文科省への決別宣言」を意味する「臨床試験から治験に切り替える」と、あえて大勢の記者の前で語ったのである。

「自分の大切な実験も、大切な患者も、文科省ライフサイエンス課のいいようにさせてたまるか」という思いの表れでもあったのであろう。だが、理研の研究事業は文科省傘下であり、臨床応用は、厚労省承認の研究事業である。iPS細胞を使った網膜再生の臨床試験は前述したとおり、文科省ライフサイエンス課も監督者の立場にあるため、iPS細胞の臨床試験について、政治介入される恐れがあったのである。

「STAP細胞論文」も、ネット整備が進んだSNS社会だったからこそ、科学研究者たちの意見や疑義が瞬時にサイエンス・コミュニティに拡がり共有されたのである。「ネット集合知」が、一カ月足らずでSTAP論文の不正を暴いたともいえるだろう。こうしたネット社会の動きがなければ、小保方の言葉どおり、「子宮を失った女性」への人体実験が行われていたかも知れないのだ。

しかも、文科省は「人体実験」の規制緩和を謀る「臨床研究・治験活性化5か年計画2012」として、文科省が臨床研究の主体者になれる制度づくりの最中なのである。五カ年計画の中間報告、事業見直しは、二〇一五年三月（二〇一四年度末）に迫っていた。

理研にとって特定国立研究開発法人の指定が最重要事項であったのと同様、文科省ライフサイエンス課にとっても、今年度は「臨床試験」「医療に応用できる基礎研究」に、ひとつの結果を出さねばならない事情が存在していたのである。

似非科学の領域

これには伏線がある。先にも書いたように、高橋のツイートは、野依への抗議であるとともに、科学の力の字も知らない下村博文文部科学大臣への怒りの表明でもあった。本来、高橋の臨床試験に関しての主務官庁は厚生労働省でありながら、文科大臣が研究に介入して来ることへの不快感があった。高橋がグループ・リーダーを務めるラボ、CDB研究員の鬱積した思いが爆発寸前だったところで、ガス抜きの意味もあったのだ。科学コミュニティのネットで囁かれているように、小保方の処分は棚上げにされて、STAP検証実験に参加するなどという「茶番」の背景には、どうやら政権の意向があったらしい。

ツイートも懇談会での発言も、小保方問題ひとつ取ってみても、まともに対応できない理研と主務官庁の枠組みを超えて介入してくる下村にブラフをかけたとみて間違いなかろう。患者を一人に留め、あえて理研での臨床試験継続を止めているわけだ。

もう少し解説しておこう。治験の場合、理研は研究の主体から外れるのである。目下、上場時期が注目の的の理研ベンチャー企業の「ヘリオス」も研究主体から外れることになる。高橋チームは、先端医療センター病院にiPS応用の研究拠点を移し、ここが研究の主体となる。この主体が、新薬や新治療法の治験の評価を行う公的な第三者機関「独立行政法人・医薬品医療機器総合機構」（PMDA）に、治験の届出を行う。

PMDAが、治験の妥当性について、評価し、見極めることで、理研や「ヘリオス」、下村大臣の関与や、インサイダー取引、株価操作といった、研究への不当・不法な介入を疑われることなく、治験の透明性・公正性が担保されることになる。その後、PMDAの承認が下りたうえで、病院の倫理委員会に申請手続きを行う。

【記者】理研は情報公開請求しても、まともな資料を出してこない。治験の情報開示はどうなるのか？　何かあった場合、和田心臓移植（一九六八年）と同じように、iPS細胞研究は何十年も遅れる。

【高橋】そういう不信感を持たれるのがいちばん困る。だが、理研はそういうことをやりかねない。だから、心配している。理研が考えるような隠蔽などできるものではない。世界中から批判が殺到する。だから、理研主体の臨床試験は一例でとり止めて、治験に変えたほうがいいのではと考えている。

【記者】CDBで、実際に人間の役に立つのは、高橋先生の研究だけだという指摘もあるが？

【高橋】ＣＤＢは発生・再生科学総合研究センターという名称だが、再生医療の研究拠点と誤解されがちだ。新聞も時々名称を間違えて報道する。従来、申し上げてきたが、ｉＰＳ細胞の臨床試験には期待を抱かないで頂きたい。ＣＤＢは再生医療の拠点ではない。ＣＤＢという組織は、基礎研究に徹する研究機関であるのか、人間に応用できる臨床研究も行っていくのか、その方向性、位置づけが曖昧だったために小保方さんの問題も生じたと思う。

今の体制では、臨床研究（ｉＰＳ細胞の医療への応用）の部門だけは、ＣＤＢから分けたほうが宜しい。医療センターや市民病院に移すことも考えている。

実に明快に現在の理研の問題点を看破している。これほど平衡感覚のある人も珍しい。補足説明するなら、若山照彦・山梨大学教授はクローン・マウスを作るという、生物系の「基礎のなかの基礎」の研究者である。その基礎系の研究室に「ヒトの万能細胞を作ります」と言って一足飛びに夢の再生医療を語り出す小保方が闖入して来ても、それは若山の研究分野でもなければ、笹井、丹羽仁史の研究分野でもない。言ってみれば、岡野光夫とヴァカンティが作り出した「空想科学」の領域なのである。

ここで明確にしておくが、「再生医療」なるものは、まだ現実には確立されていない医療分野である。それはそうだろう。今はまだマウスでの基礎研究段階の話なのだ。臨床研究が十分に行われていない現状では、ヒトのために役立つ技術にブレーク・スルーできるか否か分かりはしないのである。

だから、再現性の怪しい論文を書いた研究者（小保方）が、再生医療を騙って、何か薔薇色の未来を自らの手で開けたかのような話（「夢の若返りも実現できるかも知れません」）をしているのは、怪しげな「ビジネスマン科学者」と見て間違いない。先頭を切って走るiPS細胞ですら、臨床試験が始まったところなのである。

そうした基礎研究の範疇を超えた、なんの科学的根拠も持たない小保方の突飛な発想に、臨床研究に無縁の竹市雅俊センター長、西川伸一副センター長（当時）が、飛びついてしまったことが、CDBという組織を根底から揺るがしている今回の事件の発端である。

STAP捏造事件の登場人物たちを腑分けすれば、山中伸弥と高橋が臨床研究の系統であり、他の全ての者は皆が基礎研究の系統なのである。STAP論文の査読者だった英ケンブリッジ大のオースティン・スミス、ヴァカンティ、野依、竹市、笹井、西川、丹羽、岡野、大和雅之、小島宏司、全員が基礎系の研究者といって間違いではない。

STAP論文の舞台は、生物学、発生学、幹細胞研究のフィールドである。基礎系の幹細胞研究は、極論すれば、細胞をいじってさえいれば事足りる学問世界である。かたや、山中、高橋が身を置く臨床系＝再生医療は、幹細胞を含めた基礎系分野で医療に応用できる可能性がある素材を、治験を経て医療に確立していくまさに医学の世界である。当然ながら、巨額の儲けにつながるのは臨床研究の分野である。笹井らの幹細胞研究は、素材を提供する役割に過ぎないが、それを医療に応用して、薬や人工臓器を作製できれば、その利益は計り知れない。

今回、ＳＴＡＰ事件に連座する人々、岡野、大和、若山はたとえ大学教授ではあっても「医学博士」ではない。理工系、もしくは工学系だ。笹井と丹羽、小島は医学博士ではあっても、山中や高橋とは異なり臨床医出身ではない「生物学の一研究者」なのである。本来、彼らは地味な研究職に従事する人々だ。誰一人、巨額な予算を引っ張ってきたり、ベンチャー企業の役員に納まったりするような柄ではない。

本来は金の卵を産むニワトリを持っていない彼らだが、米英日で、基礎系の研究でありながら「医療への応用が可能」という画期的な新分野「バイオ工学」を生み出す面々が登場する。オースティン・スミス、ヴァカンティ、岡野らである。彼らは、基礎研究と臨床研究の中間地帯にこのバイオ工学を編み出した。

日本では、岡野の弟子にあたる大和が、「人工的に細胞を培養することができる培地＝細胞シート」作製に成功することで、転機を迎えた。それをあたかも「再生医療に応用できる」と売り込み、セルシード社を立ち上げ、巨額の資金調達に成功した。

本来、人間の医療に応用できるわけもない基礎研究分野を、いかにも将来、最先端医療に発展させられるかのような幻想を武器に、ビジネス・モデルを作り上げた。

バイオ工学の分野では、再現実験が確認されない怪しげな論文が多かったが、論文という打ち上げ花火で株価を吊り上げ、研究費を獲得するというスキームが成立した。実際に再生医学の進歩には何一つ貢献していなくても、岡野は東京女子医科大学が「先端医療の拠点」であるかのように振舞い、まやかしを社会に通用するまでに洗練させたのである。

そもそも、岡野や大和の在籍していた東京女子医大は、ユニークというよりはやや胡散臭い特色を持っていた。創立者の吉岡一族が一貫して経営に参画しており、個性的な研究者を所属させる方式が取られてきた。過去には、一九六八年に札幌医科大学で先駆的な心臓移植手術を行った和田寿郎教授を女子医大の研究所に引き抜き、循環器を専門とする榊原記念病院を作った榊原仟《しげる》が長く教授として在籍していた時期もある。先進的で衆目を集める経営手法はひときわ異彩を放ったが、その反面で危うさを孕んでいたことも否定できない。和田心臓移植に対しては、患者が真に心臓移植を必要としていたのか、臓器提供者への蘇生処置が充分になされたのかが問題とされた。また近年では、自然治癒力を引き出すと称するホメオパシーなる施術を研究する者が在籍していたことで、冷ややかな視線が注がれていた。ホメオパシーに関しては、二〇一〇年に日本学術会議が有効性を否定する会長談話を発表し、女子医大に在籍した研究者も二〇一四年には新設大学に移籍している。

ちなみに女子医大は政財界との関係も深く、ロッキード事件時にフィクサーとして登場した児玉誉士夫が検察の取調べに応じた場所も女子医大病院だった。

先進性と科学的有効性の不透明さを併せ持つのは、STAP問題の背後にいる岡野光夫の再生医療に関しても同様である。岡野の先達、阿岸鉄三・女子医大名誉教授も同様の系譜だった。人工臓器、特に人工腎臓や人工肝臓の血液浄化方法を研究していた阿岸と岡野は、一九九四年に日本人工臓器学会のオリジナル賞選定の共同座長を務めるなど、同じ所属で臓器を作り出す研究をしていることもあり、深い関わりがあったと推測される。

阿岸には別の側面もあった。彼はれっきとした医者で医学博士だが気功師でもあり、またホメオパシーを代替医療として是認する日本統合医療学会の最高顧問を現在も務めている。統合医療とは鍼灸・ホメオパシー・カイロプラクティック・気功を補完的に医療に取り入れようとする考え方である。日本統合医療学会には二〇一四年まで東京女子医科大学の准教授であった川嶋朗も理事に名前を連ねる。川嶋は日本ホメオパシー医学会の理事でもある。

しかし、科学的有効性が疑問視され、あるいは否定されるホメオパシーを含んだ統合医療を医療に取り込むことに対しては、日本医師会、日本医学会、日本薬剤師会、日本歯科医師会、日本歯科医学会が学術会議の声明に賛同しているのである。

他方、日本統合医療学会はこの意見に対し、政党や政治家、主務官庁（厚生労働省、文部科学省）へのロビー活動を盛んに行い、二〇〇八年には「統合医療を実現する超党派議員連盟の会」が発足する。会長は国民新党の綿貫民輔、副会長は民主党の鳩山由紀夫、他には自民党の鴨下一郎（鴨下は自らも医師免許を持っている）、公明党の白浜一良、自民党の長勢甚遠と三〇名以上の国会議員が参加し、文部科学省や厚生労働省からも二〇名以上の担当者が出席していた。このロビー活動が成功し、二〇一〇年の鳩山政権下で厚生労働省に「統合医療プロジェクトチーム」

が発足している。この動きに対し日本医師会は反対声明を出しており、厚生労働省のプロジェクトチーム発足の見解と日本医師会の見解が正面から対立する珍しい事態となった。さらに、日本統合医療学会の二〇一二年度事業報告には自民党および民主党の有力政治家、厚生労働省や文部科学省への働きかけを行った旨が記載されている。政権が民主党から自民党に移行した後も、統合医療推進の動きは、いまだに止まっていないのだ。

笹井は〝過去〟の人

理研CDBもいつしか、そうしたトレンドに呑み込まれて行った。何かもっと早く金になることはないのか。万能細胞がその「解」としてクローズアップされたことは先述したとおりである。そのトップランナー研究者が、基礎研究の西川、笹井、丹羽と臨床研究の高橋だった。

その高橋の口から、記者懇談会の席上、部外者にとっては衝撃的な事実、忌憚のない見解が、次々に飛び出してきた。

【記者】このまま笹井は、高橋先生の共同研究者として、臨床試験も続けるのか？

【高橋】ヒトES細胞から作った、網膜色素上皮細胞（人間の視力の根幹をなす網膜の細胞）についても、今後、臨床試験を予定しているが、笹井先生の研究とは独立した研究になる。ES細胞から、網膜上皮細胞を作り出すという基礎は、笹井先生が作ったが、すでにその時点からES細胞樹立の手法は格段に進歩し、臨床研究の分野へと発展している。（たとえ笹井が辞任しても）ES細胞の人間への応用は、笹井先生の基礎研究からはすでに離れていて、専門チームがその準備を進めることになる。

小保方問題については、もっと早く事態を収束させることができたろう。理研、小保方さん本人、笹井先生も、もっと早く対応すべきだった。そうすれば、キズはもっと浅かったろう。笹井先生はすぐにCDB副センター長を辞職すべきだった。そうすれば、副センター長は辞めても、研究者として残る道はあったろう。そのことを、私も笹井先生に申し上げようと思ったが、伝えるタイミングがなかった。

つまり、こういうことだ。今回のSTAP問題がたとえ起きなかったとしても、笹井はすでに基礎研究者としての役割を終えていたのである。二〇一二年、山中伸弥のノーベル賞受賞を報じる「ネイチャーダイジェスト」（日本語版）には、山中の特集記事の隣に、笹井のインタビューとES細胞研究が掲載されていたが、そのES細胞を医療に応用していく臨床試験の主導権も、高橋研究室に移っていたのである。

高橋に懇談会の席で真意を質す前に、iPS細胞の臨床試験で協力関係にある京都大学iPS細胞研究所の八代嘉美特定准教授は、こう解説してくれた（以下、メールの応答から抜粋）。

【著者】今回、高橋政代が「理研の倫理観に耐えられない」と述べ、iPS細胞の臨床試験の中止も検討と発言した背景は何か？

【八代】臨床研究、とくにヒトに対して最初に投与される今回のような場合では、最も重要な確認事項は、「安全性」についてであり「有効性」はそれに次ぐものです。つまり「治せる」と確言できる治療法ではなく、安全性もヒトでは未確認であるという研究に参加してくれる患者さんが、安んじてその行為を受け入れられるのか、ということがあるかと思います。

それに関しては、医療機関や研究者、医療従事者を信用してくれるのか、というのは大きな要素でしょう。そうした点で、社会から不信感を抱かれている現状において、患者さんへの説明責任が果たせない、また理化学研究所が社会から好奇の目にさらされているとも言える現状では、患者さんの安寧も維持できない、とお考えになったのではないでしょうか。

【著者】今後のiPS細胞の臨床試験に与える影響は？

【八代】今回、高橋先生は現在の計画を中止することはないと明言されています。ですので、その意味において大きな影響が出てくるとは考えにくいと思います。しかし、ディオバン問題（高血圧治療薬の臨床研究における利益相反事例）等もあり、臨床研究や治験に携わる医師・研究者は患者さんからの信頼を維持するためにいっそうの高い倫理観を涵養し、また説明責任を果たし透明性の高い研究を行っていかなければならないと考えます。

むべなるかな、である。八代の指摘通り、問題は医師・研究者と製薬会社やベンチャー企業との関わり方なのではないか。理研は、その子会社とも言えるベンチャー企業「ヘリオス」と「透明性」のある関係にあるのだろうか？

匿名を条件に、国立大学関係者がこう語る。

「高橋が、ツイッター発言を取り消したのは、理研内部からの圧力もあるが、臨床試験中止により、『ヘリオス』株公開に悪影響を及ぼすことを考慮した結果の苦渋の選択だったのではないか。そう解釈して間違いないだろう」

「ヘリオス」とは？

ヘリオス社のホームページを覗いてみても、ｉＰＳ細胞の臨床応用一色である。これがオシャカになれば、ヘリオスの存続もないだろう。ヘリオスというベンチャーはいったいどのような会社なのか。洗ってみるのも悪くない。

【株式会社ヘリオス】理化学研究所認定ベンチャー
【事業所】東京オフィス／東京都港区浜松町二―四―一　世界貿易センタービルディング一五階。

神戸研究所／兵庫県神戸市中央区港島南町一―五―二　神戸キメックセンタービル九階。
【設立】二〇一一年二月二四日
【資本金】一五億八〇〇〇万円
【役員】鍵本忠尚（代表取締役社長）
　　松田良成（取締役）
　　Al Reaves（取締役）
　　澤田昌典（取締役）
　　Michael Alfant（取締役）
　　西山道久（取締役）
　　中野剛（監査役）
　　平井昭光（監査役）
　　成松淳（監査役）

ヘリオスは、iPS細胞の臨床応用を行うことを最大のミッションに理研の肝煎りで設立された会社である。最も早く臨床に応用ができそうな「加齢黄斑変性を始めとする網膜疾患」の治療法を確立することを謳っている。笹井が中心となり設立に動いた背後には、東京女子医大の岡野も控えていた。ビジネス・モデルは、岡野が作ったセルシードにある。新たな治療法、治療薬、医療機器を打ち上げるごとに、理研はこのヘリオスを使って、巨額な金を集める算段なのである。いわば、笹井が作った理研版セルシードである。ヘリオスは、二〇一四年内に上場することを内外に表明している。つまり、二〇一四年九月現在、非上場であるから、株の売買に関して、何をどうしようが、金融商品取引法には抵触しない。つまり、インサイダー取引にはあたらない。

私が、笹井の資金について洗っていた折り、さる筋の人間が「それは、ヘリオスや。CDBの向かいに建っとる」と教えてくれたことを思い出したが、非上場ゆえ資金の流れに関する情報は何もあげられなかった。

ヘリオスは、先にインサイダー取引疑惑を洗ったセルシードより大物である。二〇一三年三月から一〇月にかけて、約三〇億円の資金調達に成功している。この資金調達のスキームは、セルシードと全く同一である。ちなみに、第三者割当先は、

大日本住友製薬　一五億円
ニコン　五億円
新日本科学　三億円
澁谷工業　三億円
ヘリオス投資事業有限責任組合　二・九七億円
テラ　一億円

と、なっている。

社長の鍵本は、一九七六年熊本生まれ。久留米大学附設高校から九州大学医学部を卒業、二〇〇二年、JETRO《ジェトロ》（日本貿易振興機構）サンノゼ（シリコンバレー）バイオテクノロジー・マーケティング・インターン。二〇〇三年、九州大学病院勤務（眼科）。二〇〇四年、浜の町病院勤務（眼科）。二〇〇五年、アキュメンバイオファーマ株式会社・代表取締役会長兼CEO。医師でありベンチャー起業家、この世界では実によく出会う人種である。松田良成は、京都大学法学部卒の弁護士。Al Reaves は、ディオバン臨床研究の不正疑惑で話題のノバルティスファーマ社の前執行役員。澤田昌典は、久留米大学医学部卒、九大大学院ビジネススクールを経て、ヘリオス立ち上げに参加、理研CDBのiPS細胞に関する研究倫理委員会に笹井、高橋と共に出席した記録がある。Michael Alfant は、コンサルティング・システム開発のフュージョンシステムズ会長兼CEO。在日米国財界人としてのビジネス経験は、二〇年以上、在日米国商工会議所の会頭を務めた在日米国財界のトップである。中野剛は、京都大学法学部卒、虎の門法律事務所に勤める。虎の門は名門中の名門、経済犯罪に対する知識も豊富だろう。

ヘリオスに投資している会社の中では、新日本科学が、注目に値しよう。iPS細胞で理研との共同研究契約がある。代表取締役会長兼社長の永田良一は鹿児島県出身、聖マリアンナ医科大学卒の医師である。永田のホームページを覗いてみると、経営理念に「池口恵観先生を師匠とする」とあり、新日本科学の社歌の作詞が池口だというから年季の入った弟子なのである。付言するなら、池口は生命科学や再生医学にも宗教人として並々ならぬ知識とビジネス観を持つ人物だ。

新日本科学の東京本社は聖路加タワー一二階。以前は一階下にヘリオスの事務所が入っていたのだ。さらに洗っていくと、ニュースサイト「再生医療とｉＰＳ細胞の医療情報」（二〇一三年九月四日付）にこんな記事が残っていた。

【新日科学が値上がり、ヘリオスがｉＰＳ細胞を使い網膜以外での治療法開発を検討】新日本科学が急騰。一時２８９円高の１４２４円まで買われ、東証１部の値上がり率トップとなっている。４日付の日本経済新聞は、ｉＰＳ細胞を使い網膜再生に取り組むヘリオス（旧日本網膜研究所）の鍵本忠尚社長が、網膜以外でもｉＰＳ細胞を用いた治療法の開発行《ママ》う方針を示したと報道。同社とｉＰＳ細胞を用いた加齢黄斑変性の治療で提携関係のある同社への刺激材料となったもよう。

ヘリオス社長の「やってみっか！」の掛け声が、新日本科学の東証一部の値上がり率トップとなって現れるのである。株価とは「期待値」であることの善き例証であろう。もうひとつ、注目すべきは、二〇一四年六月一日に取締役に就任した西山道久。京都大学卒、大阪市在住。藤沢薬品工業での勤務経験があり、グローバル学術部長、アステラス製薬のグローバルマーケティング部長（移植・免疫）も経験している。西山は、学術部長の肩書きのわりには論文が見当たらず製薬業界誌に寄稿した記事が三本発見されたのみ。その記事の一本が「ＲＮＡアプタマーを用いた分子標的医薬の開発」（宮川伸、藤原将寿、西山の連名）。

西山がかつて社長を務め、共著者の宮川、藤原も所属しているのが「リボミック」という会社である。二〇〇三年にコンサルティングを目的として設立されたあと、主にマスコミ向けの資料など「学術業績」を積み上げて、資本金を第三者割当で一五億七二〇〇万円まで積み上げている。従業員わずか一六人の会社が資本金一〇〇〇万円からスタートして、たかだか一〇年で一五七倍にしているのは驚異である。その間、画期的成果を生んだ形跡はほとんどない。奇奇怪怪とはこのことだ。西山と彼の「お仲間」は、こういう研究者兼ビジネスマンなのである。

この業績でCDBのGD!?

二〇一二年二月、理研が委託している国際外部評価委員会（アドバイザリー・カウンシル＝AC）が、CDBに対して勧告書（理研のホームページに掲載）を提示した。これは、前年一〇月に行われた評価委の提言に関する報告書であり、本書でも既に名前の挙がっているケンブリッジ大のオースティン・スミスもSTAP問題が起ってから委員長を務めている。勧告は英文で書かれた六項目だが、なぜか和訳では半分の三項目が落とされている。

①山中研究室とiPSについて協調的関係を構築すること。
②次期センター長の決定まで新たな独立研究者を採用しない。
③二名の副センター長体制を維持すること。

和訳では割愛されたこの三項目の提言に従い、小保方を採用していなければ、今日の問題は起きていない。

ところが、理研は二〇一四年四月一日付で新たな「独立研究者」を雇用している。辻孝（東京理科大学教授）。理研では器官誘導研究グループのグループディレクター）である。この点について理研本部に問い合わせ、広報室の近藤昂一郎から回答が寄せられた。

【著者】外部評価委員会の勧告に従っていれば、小保方事件は未然に防げたはずである。しかるに再び勧告を無視した形で新たな独立研究者を雇用するのは不見識ではないか？

【理研】二〇一二年の提言内容の一つに「新しいセンター長が任命されるまではグループディレクター（GD）もしくはチームリーダーの採用を延期することを推奨する」（注・翻訳は理研側）との提言がなされました。提言後、センター長の後任人事が進んでおらず、その状態で、GDのポジションを空けておくことはCDBの運営に支障をきたすため、ACメンバー（注・外部評価委員）と意見交換し、同意を得たうえでGD一名を採用することとしました（公募及び人事採用手続きを経て二〇一四年に辻孝氏がGDに就任）。

外部有識者たちの理研CDBを見る目は、ある意味で、確かだった。勧告以後の事実が、それを物語っている。だが、小保方問題が火を噴いたあとでもなお、理研が採用した辻孝とは、どのような研究者なのだろうか。

寄せられた回答書によると、

「辻は歯胚、毛胞、涙腺・唾液腺の再生技術構築に関する研究を行っており、これらに共通する細胞操作技術については二〇〇七年に、歯の再生については二〇〇九年、二〇一一年に論文を発表しております。

http://www.ncbi.nlm.nih.gov/PMC/articles/PMC2720406/
http://www.ncbi.nlm.nih.gov/PMC/articles/PMC3134195/

現在はマウスを用いた基礎研究の段階であるため、一部の臨床の先生はご存じないかもしれませんが、辻の研究室から提供された添付資料によると、これまでに歯科または再生医療関連の国内外の学会で多数（一〇〇件以上）の招待講演、基調講演を行っている実績がございます。再現性につきましては、各論文に示されている通り、同様の実験を複数回行って確認しています」

要するに論文には自分で何度も再現できたと書いてあるから、再現性はあると広報は言うのだが、本人と身内の再現では、科学界では無意味だということを理研はまだ理解していないようだ。たしか小保方は二〇〇回以上ＳＴＡＰ細胞を作ったと自己申告していたはずだ。

「ネイチャーコミュニケーションズ」の論文著者インタビューによると、辻は、

「臓器・器官のもととなる『器官原基』を再生する細胞操作技術として『器官原基法』を開発し、（略）その後、同技術で再生した歯の器官原基（再生歯胚）から再生歯が口腔内で萌出・成長して、機能的な歯へと成長することを明らかにするとともに、再生歯胚から再生歯ユニットを作製

し、完成した器官を移植して歯の生理機能を回復可能であることを示した」

とある。東京理科大学のホームページの「研究紹介」が、解説の役割を果たしそうである。

「再生医療は、傷害や疾患による組織や器官（臓器）の機能不全を再生する21世紀の新たな医療システムとなることが期待されています。私たちは再生医療の技術開発の中でも、患者さんから取り出した細胞から人為的に器官（臓器）を再生する技術開発に取り組んでいます。これまでに歯や毛の再生につながる技術開発に成功しており、医療に応用できる器官（臓器）再生の道を拓く研究開発を目指しています」


つまり、ヒトの臓器を再生する技術開発を研究、現時点では歯と毛の再生はマウスで成功し、人間にも応用可能らしいが、それが本当なら、確かにたいへんな発明だろう。入れ歯もインプラントもアデランスも必要なくなる。ノーベル賞も夢ではない。

「寡聞にして、そんな歯の再生技術は聞いたことがありません。私見ですが、iPS細胞を用いた再生医療が進んでも、歯科の分野に応用されるのは、いちばん最後になる気がします。しかし、どんな方法であれ、再生歯ができたなどという論文は、寡聞にして知りませんね」（北海道大学医学部関係者）

本当に、マウスの歯が生えたのなら第三者による再現性はあったのか。人間に応用できる技術開発に成功したと書いてあるが本当なのか。私は、辻にメールで訊ねてみたが本人からの回答はない。

先の著者インタビューで、辻はこう発言している。

「再生医療として社会的なニーズにあった研究開発をしたいと考えています。（略）社会的なニーズマッチやマーケティングという観点（略）からみると、研究における技術開発レベルを自ら評価する基準を、大きく3つに分けることができると思います。1つ目は言うまでもなく、その論文の学術的な価値です。これは論文がどの科学雑誌に掲載されたかで評価することができます（略）。2つ目は、その研究が実用化につながる可能性がある技術の場合には、新聞などのメディアの取り上げ方によって社会的ニーズとのマッチングを評価することができます。この点では、学術的価値が非常に高く、たとえNatureに掲載された論文であっても、社会的ニーズと一致しなければ、メディアに大きく取り上げられることはないように思います。（略）3つ目の評価としては、研究費の獲得という採算性です。（略）安定して研究を進めるには研究費は不可欠であるため、Natureやその関連誌に研究成果が掲載されることは非常に価値があります。（略）これまでに、発生生物や幹細胞研究の進展により、幹細胞を用いた再生医療は臨床研究へと発展しつつあります。再生医療の第一世代である『幹細胞移入療法』から第二世代の『細胞シート工学による再生医療』へと移行しつつあり、その実現が期待されます」

ここまで読んでこられた読者には、辻がどのような立ち位置の科学者か、すでに見当がつくはずである。私は世も末と感じた。「細胞シート」という単語に出くわして、セルシード社の岡野や大和の顔がすぐに思い浮かんだ。辻は、たとえば山中のような研究者を目の前にして、同じ発言をできるだろうか？

辻は、再生医療ベンチャー「オーガンテクノロジーズ」の取締役でもある。

【株式会社　オーガンテクノロジーズ】
【設立】二〇〇八年四月二一日
【本社所在地】東京都港区高輪三―二五―二七
【資本金】一〇〇〇万円（二〇〇九年七月）
【株主】㈱日本イノベーション
【役員】代表取締役　朝井洋明
取締役　　辻孝
取締役　　渋谷博
監査役　　花澤健司

辻の博士論文は、一九九五年、和歌山大学に提出、一九九七年、長崎大学にも提出されているという。民間会社に勤務時代は、白血病治療のための造血幹細胞を作っていたという。

このメンバーの中で、むしろ注目すべきは、社長の朝井洋明である。朝井は㈱糖鎖工学研究所の社長でもある。この糖鎖工学という会社は、セルシード問題にも関連している。


【㈱糖鎖工学の第三者割当増資】

二〇一三年一二月二四日に増資発表（ネイチャーへのSTAP論文受理後）
二〇一四年一月三一日に増資調達完了（ネイチャーへの論文掲載時）

偶然にしては、あまりにも都合の良い時期に行っている。具体的に言えば、一月三一日以降、バイオ・ベンチャー関連株は全て値を上げているので、糖鎖工学自身も、また第三者割当増資契約の対象も、安値で仕入れた株式を売却して利益を確保することが可能だった。

この糖鎖工学への第三者割当増資を読み直すと、関係者は皆、興味深い顔ぶれである。


【東京大学エッジキャピタル（UTEC）】

【DBJキャピタル（日本政策投資銀行グループ）】

【三井住友海上キャピタル】

【三菱UFJキャピタル】


DBJ、三井住友、三菱の三社は、ほぼ国策的に関与しているものと思われるので、逆に言えば、糖鎖工学への第三者割当などのスキームは、国（内閣および経済産業省）の暗黙の了解の下に行われた可能性がある。

東京大学エッジキャピタル（以下、ＵＴＥＣ）の代表取締役は、郷治友孝。一九九六年、東京大学法学部卒、通産省（現・経済産業省）に入省、「投資事業有限責任組合法」を作った切れ者である。スタンフォード大学でＭＢＡを取得して、二〇〇四年に退官した。ＵＴＥＣなどの社長となり、現在に至っている。東大法学部を出て財務省ではなく通産省に行った経歴である。最も優秀な人材は、財務省と外務省に持っていかれるのが慣わしなので、郷治は二番手の人材である。だが、通産省の中では東大法はエリートには違いなく、同じ経産省でも前に取り上げた生物化学産業課長でＴＷＩｎｓ担当の江崎禎英とは格が違う。

ここからが重要な点だが、郷治は「投資事業有限責任組合法」を作っている。この法律は、銀行や証券会社でなくとも、ファンドを作ることを可能にした法律として有名である。セルシードの関係した怪しげなファンドは、この法律に依拠しているものが多数なのだ。

郷治は経産省を辞め、現在はＵＴＥＣなどの代表を務めているとなると、話は微妙である。要するに法律を作った時点と現在の職掌が相容れない価値観同士にあるということだ。平たく言えば、「抜け道をいちばん良く知っている」のが、郷治なのである。

郷治は、スタンフォード留学後に退官しているが、留学直後の退官は嫌われがちで、話が揉めることすらあるのだが、そうした形跡もなく、すんなりＵＴＥＣの社長という公職に就いたことから見て、おそらく経産省が公的な立場で役所としてできないことを民間人・郷治に遂行させる目的があって、彼を育成したのではないか。ただし、現役の財務省の官僚に言わせると、郷治のスタンスを、国家全体が肯定しているかと言えば、どうやら話は別らしい。内閣府や経産省とは関係が良好であっても、財務省や裁判所は否定的な反応になるという。特に財務省は最も嫌うタイプの人種だという。経産省は、第1章でも触れたように、ベンチャー企業や再生医療のビジネス・モデル構築が大好きな役所である。郷治は、そうした文化の中では超大物であろう。

悪い夢

全てが円環を成してつながっている。こう書いて間違いではないようだ。STAP論文捏造事件のあと、小保方の代わりにCDBに入ってきたのが辻というまるで「デジャ・ヴ」な男であると知って、その思いは確信めいたものに変わった。産官学、三つ巴で走り出した安倍内閣肝煎りの「再生医療」プロジェクトは、お宝も塵芥も一緒くたである。本物の科学者も似非科学者も同床異夢なのである。

医学部出身の人間が、ビジネススクールへ行き、法学部卒業の人間が分子生物学を学び、驚くほど融合した経歴を持っているのは、医学界や財界、官僚に至るまで再生医療を取り巻く環境を「卓越したビジネス・モデル」と見做しているからではないか。関係者の中に、法学を系統的に学んだ者が見当たらず、法学の論理を代弁する業界の人間が少ない事実に符合する。一言で言えば、現在、推し進められている再生医療のスキーム作りは、著しく「法の精神＝遵法精神」をないがしろにした文化背景で行われている。ここが最も怖いところなのである。理研の内部にも外部にも、大所高所から「法治国家」の則を超えないように目を光らせる目付け役が存在しない。東大法学部の教授、財務省や金融庁の高官など「法治」を第一の旨とする文化背景を持つ知性の発言がこれからの再生医療の在り方には重大な意味を持つ。戦後、これまでの日本が何事によらず概ね進路を誤まらずに来られたのは、たとえ誤っても軌道修正ができたのは、この「遵法精神」の存在が、大きかったのである。

たとえ法学を学んでいても、彼らの職業が、弁護士や公認会計士ならば、「ビジネスを成功させることが、最高に良いことだ」と考えるのも自然な成り行きだ。法律を学んだとしても、ビジネスを前に、法の精神が薄らぐのも、ある程度は仕方ない。こういう価値観の持ち主が集合し、いともあっけらかんと自らの利益集団の意見を代弁する。理研の将来は、こうした集合意識と集合無意識が、とどまることなく肥大してゆく先にある。

今回の事件の関係省庁を見てみよう。経産省、厚生労働省、文部科学省。彼らは、予算を使う側である。予算を配分する側の財務省の影は薄い。また、おおむね法律の規制緩和を推進しがちな経産省はいても、法を統制する側の金融庁、法務省の存在感は皆無と言ってよい。省益の前には国益は軽視される。これも事実だろう。しかし、そうは言いつつも、財務省は「自分たちが予算を配分する以上、国が潰れては困る」という価値観をＤＮＡに刷り込まれている。だから、理研の特定国立研究開発法人化には、強く反対した。

しかし、このところの（あるいは相当以前からか）各省庁は、遵法精神など、どこ吹く風だ。今回の省庁の中で主犯格は、経産省である。ベンチャー・キャピタルの暗躍、再生医療の名を掲げた「医療産業の育成」、全ての事象を作り出したのは、経産省の官僚である。再生医療担当の江崎は、傍流にもかかわらず、省益のために驚くほどの働きを見せた人間だが、この先、経産省は東大法学部という本流の隠し玉を登場させることだろう。

＊

そして理研である。かつての有馬朗人理事長の路線、原発など巨額予算に物を言わせて、公共事業を通して財界や建設業界と癒着を図る時代は過ぎ去っている。

その代わりに、用意されたのが米国式の効率的に予算を取って来るスキームだった。論文と雑誌掲載と研究費、三位一体でことを運ぶべく、経産省肝煎りのベンチャー・キャピタルと再生医療ベンチャー企業が脇をかためる。

科学論文の生命線だったはずの再現性は度外視され、派手な打ち上げ花火としての機能だけが重要視された。マウスの背中に人の耳ができた、歯が生えた、若返りも夢ではない。空疎な言葉だけが躍り、マスコミが持て囃して、関連のバイオ・ベンチャーの株価が上がった。

人間の医療には何の貢献もしない研究だが、自らを再生医療の研究者と名乗る連中は、いまだに二言目には「今はマウスで実験段階だが、医療への応用が可能である」と平気で嘘をつく。誰も再現実験できず、その成果は肯定されないが、さりとて同業者が舌鋒鋭く否定することもない。

皆、自分の研究で手一杯なのに、他人の論文の再現実験などしているヒマはないのである。こうして、彼らは今日ものうのうと「科学者の楽園」理研で転がり込んでくる金を数えるのである。

おそらく、再生医療の世界で本当の科学者＝臨床研究家と呼べる者は、両手、一〇本の指に満たないのではないか。その最高位にいるのが山中伸弥であることは疑いない。

＊

そして小保方晴子である。今は早稲田大学の学部生時代を懐かしく想い出す日々だろう。東京湾の海岸でザル片手に、海の微生物を掬っては採集した一日、そんな地道な研究生活を懐かしく思っているのかもしれないが、小保方の今日は自ら招いた災いである。過剰な自己顕示欲の持ち主である小保方にとって、一介の生物学者で終わるより、再生医療のヒロインになることは、比較にならないほど魅力的だったのだろう。あれから、なぜこんなことになってしまったのか、小保方自身にも説明がつかないはずである。

長い悪夢の幕切れの先になにが待っているのか、本人にも見当がつかない。だが、悪い夢から覚めるには、ＳＴＡＰ細胞の検証実験という、傍から見ればなんとも滑稽な人間喜劇に今一度参加しなくてはならないのである。

第6章　笹井の死で隠蔽される「理研の闇」

小保方宛の遺書への疑問

階段の踊り場で、朝日の差し込むなか、ぶら下がったものがユラリと動いたという。一一〇番通報した関係者には、すでに縊死しているように見えたことだろう。

笹井芳樹が死んだ。二〇一四年八月五日午前八時四〇分、首吊り自殺である。享年五二。

場所は、笹井が副センター長を務めていた理化学研究所発生・再生科学総合研究センター（CDB）と渡り廊下を隔てた隣棟、先端医療センターの中である。

同日午後二時から理研の加賀屋悟広報室長による会見が開かれ、午前一一時三分に死亡が確認されたこと、遺書が三通残されていたことなどが明らかになった。

曇ってはいたが、暑い一日であった。

自殺を受けて開かれた広報室長の会見では、笹井とともに三通の遺書が発見されたという。笹井研究室の秘書の机には、それとは別に遺書が残されていたとも述べられたが、その宛名や内容は把握していないとされた。公表については遺族の心情を優先し、相談して決めるとのことだった。

その後、残された遺書の数などに当初の会見での発表とは齟齬をきたす報道も現れて、「小保方晴子に宛てた」とされる遺書の一部が出回る事態にまでなった。小保方サイドは弁護士を通じて「兵庫県警から遺書は受け取っていない」旨を明らかにして、内容のリークを強く非難している。私は理研広報室に直接問い合わせ、それらの真偽を確認した。

【理研広報室からの回答】

遺書に関する情報については、ご遺族の意向を踏まえ、差し控えさせて頂きます。尚、会見時に話しました遺書の数については、発言を撤回し、複数と変更させていただきます。また、「小保方氏あての遺書」についても理研では内容を把握しておらず、理研の側から情報提供が行われたものではありません。

笹井副センター長の出勤状況ですが、八月四日夜に一旦退所し、その後再度現場に来たと思われますが、時間等については分かりません。

辞職に関してですが、本年三月の契約更新にあたり、笹井副センター長から、副センター長職を辞したいとの内々の意向打診（理研を辞めるということではありません）がありましたが、当時、研究論文の疑義に関する調査が行われている段階であることから、本人も納得した上で副センター長として更新することになりました。

ＳＴＡＰ現象の検証計画については、ＳＴＡＰ現象の有無を明らかにすることが理研の社会的責務であると考えており、十分に配慮をした上で今後とも引き続き進めていく予定です。

兵庫県警にも問い合わせたが、「調査が終わりしだい、遺書は返却する。本件に事件性は見られず、自殺として処理」の旨、回答が寄せられている。

当初、理研広報の会見では、三月に入ってSTAP論文問題の心労で入院していた事実も明かされている。その頃、ほぼ同時に記者に囲まれた竹市雅俊CDBセンター長も、「彼の名誉のために言っておくが、三月の時点で、CDBの副センター長を辞したいと自ら言っていました」と述べているから、笹井が同僚の間で辞職を公にしたことは事実であろうし、三月、一挙に過熱した報道で殺到する記者たちの目から逃れるために「入院」して雲隠れしたのも、恐らく事実であろう。

しかし、はたして本当に辞任するところまで追い詰められていたのだろうか。私には、そうとは思えない。実際、三月の笹井にはまだまだ余裕があった。

「来てるよ、彼」

二〇一三年度の大正製薬「上原賞」の受賞者二名が決まったのは同年一二月二〇日。そのうちの一人が笹井だった。一カ月後にはSTAP細胞の記者発表も控えたタイミングでの受賞決定に笹井はいやがうえにも晴れがましい気持ちで高揚していたに違いない。副賞が二〇〇〇万円の上原賞贈呈式は、翌年三月一一日と決められていた。

二〇一四年二月に入りインターネットのサイエンス・コミュニティではにわかにSTAP論文への疑義が拡がっていく。一般人にはまだ噂としてさえ聞こえなかった小さな声だったが、三月を迎え、やがて燎原の火のように公然と「捏造疑惑」が語られていった。なんとしたことか、上原賞贈呈式の当日にはすでに笹井は「渦中の人」となってしまっていたのである。

その日の夕方、月刊誌に掲載する「STAP細胞に群がる悪いやつら」を脱稿し終えた私は、その足で東京・高田馬場の贈呈式会場「上原記念ホール」へ向かうことにした。まさか当人が来はしないだろうが、一応どんな様子か覗いてみたかったのである。旧知の医療ジャーナリストに頼んで会場に入らせてもらった。会場の入り口周辺にはマスコミが大挙して押しかけている。STAP論文の共著者の受賞ということもあって、会場内は異様な熱気に満ちている。そこここにノーベル賞候補といわれる研究者の顔も散見され、近づくと「今夜は空振りじゃないか？」と冷やかされる。

そのときである。すぐ間近にいたノーベル賞候補氏に駆け寄って、囁く人物がいる。顔を見てすぐに京都大学関係者とわかる。

「来てるよ、彼」

笹井は、堂々、主賓として来場していたのである。会場で先輩受賞者たちと談笑する笹井の姿にはストレスでやつれた様子など微塵もなかった。さすがにマスコミをまいてそそくさと会場を後にしたが、辞任を口にして入院するほど深刻な状態ではなかった。これが私の見た三月中旬の笹井の姿である。

“自殺”に違和感

だが、それから五カ月後に笹井は自死を選んだ。いったい何がそこまで彼を追い詰めていたのだろうか。

上昌広・東京大学特任教授は、こう見立てを述べる。

「彼が今、自殺する意味は、どう考えても分からない。科学者としての彼はとっくに〈終わった人〉でしたから。そのことは自他ともに分かっていた。それを苦にして今この時期に自殺するとは思えない。やはりカネの問題なのではないかと思うのです。しかもCDBを最期の場所に選んでいる。よほど理研に恨みを募らせてのことでしょう」

たしかに、理研は笹井が自殺した前日の四日に、検証実験の開始により一時停止していた懲戒委員会での審査を再開すると表明している。ここでの審査が進んで処分が決まれば、理研は笹井に研究費の返還を求めることになるだろう。その総額は六億円とも一〇億円とも言われている。笹井が理研を退職して、医師としてフル稼働しても全額の返還は容易ではない。

笹井と高校時代をともにした同窓生に話を聞くことができた。

「これまでの流れを見て、CDBと笹井君をターゲットにした場合、こうした事態になることは想定していた。本当に残念だ。笹井氏は、高校時代の同級生で、彼の気質は理解していたつもりです。亡くなり方から、自殺ということにも違和感を覚えている。亡くなったのがCDB内だったことも彼の美学には反している。それに一部の報道にある『STAP細胞を必ず再現してください』などと小保方さん宛にあるような遺書を残すとも思えない。考えてもみて欲しい。NHKスペシャルの放映前には、すでにSTAP細胞はないと考え、その存在証明も極めて難しいと彼自身、結論付けていたのですよ」

確かに七月二七日にNHKスペシャル「調査報告　STAP細胞　不正の深層」が放送される以前、笹井は論文取り下げに当たって七月二日には、「STAP現象全体の整合性を疑念なく語ることは現在困難」と述べていたのである。

理研関係者は、こう述べる。

「STAP細胞を国策的なプロジェクトにしようという発想は、理研の部外者からスタートしていると思います。しかし、問題が露見してから後の処理の拙さの最大の責任は、文科大臣、文科省、そして彼らに牛耳られている理研理事と竹市CDBセンター長にあったのです。中でも竹市のセンター長としての資質のなさは致命的でした。彼にはこの件を処理する資格はないと思いますが、本人にその自覚がない。これまでの国際外部評価委員会（AC）の勧告にせよ、今回の改革委員の提言（六月一二日）にせよ、あまりにも軽視してきた驕りが最悪の事態を招いたのです。早い時期に辞任していれば、また、笹井氏の副センター長辞任の希望を容れていれば、最悪の事態は避けられたのです。組織のトップとしてすべきことを理解できない者は、即刻辞任に値するのです」

市川家國・信州大学特任教授、理化学研究所改革委員会副委員長となると、こうである。市川の舌鋒は鋭い。

「竹市さんは、今まで自分を支えて活躍してくれた笹井さんを守りたいと思ったのでしょう。同時に、国のために、科学技術発展のために、優秀な研究者である笹井さんを温存したいという思いもあった。自分が、センター長を辞めてしまえば、それが利かない、笹井さんを守る人間がいなくなると考えた。良い悪いはともかく、ああいう立場の人の気持ちはそうなるものなのでしょう。外部から見れば、あまりに認識が足りません。視点が内向きすぎます。外から見れば、国際的な理研の地位、日本のサイエンスの地位を考え、『改革すべき』と考えるものですが、そういう意識は欠落している」

市川が副委員長を務める改革委員会は、六月にＣＤＢの解体、上層部の刷新など抜本的な理研改革を提言して、一躍世間の注目を浴びた。もっとも、理研サイドはこの勧告を「現実的ではない」と受入を渋ったが、八月末になってようやくＣＤＢの規模半減による「解体的出直し」や竹市センター長の交代などを決めた。

「私たち改革委員会がまず初めに竹市さんに話を聞いたとき、唖然としたのが、『管理はやっていませんでした』と平然と述べられたことです。委員の中で企業コンプライアンスを担当されている弁護士の竹岡八重子先生は、この発言に腰を抜かすほど驚いた。竹市さんは、センター長としての管理職の仕事をなにもされていないし、そのような責任があるという認識はないのです。センター長として責任ある対応をとっていないと指摘したところ、竹市さんはその時点で初めて驚かれたのです。

彼の視野があまりに狭いと思うのは、笹井さんの自殺での『もう少し待ってくれれば』『もう少し我慢してくれれば』という、あの発言です。あまりに的が外れています。笹井さんは自殺するほど追い詰められていたわけで、精神的にコントロールできる状態ではない。ところが、竹市さんは、単なる我慢ですむと思っている。人事を理解することも出来ていないのです。いくら彼が有名な生物学者であったとしても、理化学研究所のような巨大組織の上に立つ人ではありません。

これは、日本の研究機関の問題でもあります。研究所のトップは、有名な学者であればいいと思っている。研究のほかは何の人生経験もなく、人事すら分からない人でも、有名な学者だから、知名度が高いから所属長にすればいいという風潮に問題があるのです」

市川の至極真っ当な竹市批判は、つまるところ、野依良治理事長批判である。死者まで出した責任は、もとより最高責任者である野依の管理能力の欠如にある。しかし、八月の改革案では野依良治理事長を含む理事六人は留任となった。

ところで、市川の笹井への評価はどうなのか。私はそこが知りたくなった。

「私は、〈最年少○○〉という言葉が嫌いです。さまざまな人生経験を積んでから、専門職になればいいわけで、最年少で教授に就任、最年少で重要ポストに就いたりしても、その分野以外のことは、まるっきり分からない人間になる。そうした中で、笹井さんは、京大医学部で最年少教授になった人ですが、金融から投資といった知識まであり、非常に自分でも勉強もされた、日本では稀有な研究者だと思います。

CDBの研究には、発生学と、発生学を応用した幹細胞の臨床応用研究がありますが、利益につながるのは圧倒的に後者です。CDBでいえば、高橋政代さんの分野だけです。だから、笹井さんがいなくなった今、CDBは事実上、消滅してしまうかもしれません。予算が獲得できないのです。日本が、さらなる先端技術を獲得し、科学技術立国を目指すならば、笹井さんが必要であったのです。彼は、バンカーや投資家に対し、『どこに投資したらよいか』というアドヴァイス役を務めていました。また、政府の予算を〈ある種の投資〉と考え、どこに政府予算を投入すべきか、どんな研究に価値があるかをレクチャーする、研究者たちのスポークスマン的役割を果たしていた人物です」

こうした見立てをする科学者には、これまで出会ってこなかったが、市川がこう言うと、説得力がある。では、市川は、笹井の死をどう見ているのか。

「テレビなどでは、傷ついたプライドのせいにしていますが、それは違うでしょう。笹井さんの立場からすると、まず自分が担ってきたCDBの研究室の研究員の将来に責任がある。さらに、彼が今まで関係してきた官僚や銀行とのつながりの中で、この問題を機に、多額の損失を負わせてしまった人もいる。STAP細胞論文のせいで、職を失う人、多額のお金を失った人もいる。その金額もどれくらいになるか、わかりません。他方で、セルシードの株価のように、かなり問題がある案件を出している。セルシードの株価は、論文発表直前に上がって、発表直後に下がりましたね。論文発表を知る人のみ、売り抜けできる。日本の研究者は、産業との結びつき、経済に弱いと言いましたが、むしろ、ああした犯罪的な株価操作の網にかかっている、悪い連中はいるのかも知れません」

確かに、懲戒委員会の審査の結果、笹井には研究不正のかどで巨額の研究費返還を求める決定がなされたことだろう。理研が組織防衛のため、笹井を告訴することもありえたかも知れない。数億円にも上ると囁かれた不正研究費の返還要求に、笹井は絶望したのだろうか。

一方で、笹井の研究者生命は決して終わっていたわけではなかったと主張する学者もいる。山中によるiPS細胞の登場で、笹井のES細胞にはピリオドが打たれたと報じるマスコミは多いが、どうやら話はそれほど単純ではないらしい。

「iPSに対する期待の高まりが異常すぎて、難病治療や新薬開発、臓器の再生といった研究の可能性を説明する言葉が独り歩きしてしまった。言葉が躍り、ｉＰＳのインフレを起こしてしまった。期待が高まり過ぎた結果、ｉＰＳのおかれた現実と語られる言葉が、乖離してしまった。だから、ｉＰＳには問題がある。ｉＰＳの現実を見せられたときに、社会はそれを理解してくれるか？　今までの期待が一気に萎んでしまう可能性がある。おまけに、これだけの再生医療をめぐる不祥事が起きた後だから、期待の反動もあり、やはり再生医療なんてできやしない、といった研究に対する不信感が高まって、国家予算が一気に削減される可能性もある。実際、今アメリカでは、ｉＰＳ細胞研究が進むにつれ、医療に結びつくのは遥か遠い先、という見通しがはっきりしてきている。このため、ｉＰＳ研究から、他の幹細胞研究へとシフトしていく研究者が増えている。国際学会での発表論文数は、ピーク時の一〇分の一にまで落ち込んでしまった。予算も大幅に減額されている。いずれ、ｉＰＳバブルが崩壊するのも時間の問題なのだ」（京都大学関係者）

それでは、今の幹細胞研究の主流は何なのか？

「ＥＳ細胞は、受精卵を犠牲にしないと応用化できないという倫理上の問題があるが、大いなる治療の可能性を秘めている。現在は、ある程度、分化の進んだ幹細胞を臨床応用した方が、医療までの応用に時間がかからないのではないかと見られている」（同前）

笹井が、ＳＴＡＰ細胞になど寄り道せず、ＥＳ細胞の研究に最後まで賭けていたなら、彼とＣＤＢの運命も違っていたかもしれないのである。ＥＳ細胞とｉＰＳ細胞のレースにはまだ決着などついてはいなかったのだから。

理研と官僚ポリティクス

理研の予算は莫大であり、なかでもCDBが獲得する科研費は群を抜いている。こうした途方もない金が集まってくる研究所や病院にはプールされた裏金が存在するのが慣《なら》いである。力のある科学者を官僚上がりの事務方が取り込んで巧妙に事が運ばれる。ごく稀に内部告発で表沙汰となることもあるが、大抵は事務方のノンキャリアが一人自殺して事件は幕引きとなる。理研では今のところ、誰もが口に緘しているが、笹井が自殺した今、先のことは分からない。それが堰を切って噴出したときが、理研の最期、ご臨終となるときだろう。

理研に事務方として籍を置いていたことのある人物の回想である。

「私は、CDBではなく、BSI（埼玉・和光市にある脳科学総合研究センター）にいたのだが、こちらの方がガバナンスという意味ではCDBより酷い状況だった。理研の中にある各研究所は、理研本体の理事会からかなり独立していて、各センターのカラーはそれぞれの上層部の考え方の影響下にある。竹市はセンター長としてCDBを守り切れなかったが、たとえばBSIは理研本体の言うことなど聞かない。別の意味でBSI上層部の私物化が起きていて、理研本体の頭越しに文科省幹部と癒着している。理事会と対立構造をとれるほど強いのだ。そこに関わってきたのが、文科省の倉持隆雄や歴代のライフサイエンス課長である。ノーベル賞の利根川進BSIセンター長ですら苦戦していた（注・利根川は著名だが、キャリア官僚のネットワークからは外れているという）。再生医療、脳科学分野を今のような腑抜け状態にした最大の責任は、文科省の官僚・菱山豊（元研究振興局ライフサイエンス課長および大臣官房審議官）にある。要するに、日本の学術界は官僚ポリティクスに巻き込まれていて、今や科学とエビデンスの下に独立した主張をできる構造にはなっていないということだ」

私は、以前から倉持と菱山の名前を聞き知っている。「理研を支えている」といえば聞こえはいいが、事務方として内部を牛耳っているという声も多い。当然、CDB創設にあたっては笹井とも関係が深かったようである。

【倉持隆雄】 内閣府政策統括官。一九五四年、東京都出身。七七年、東京大学理学部卒。七九年、東大理学系研究科生物化学専門課程修士課程修了。七九年、旧科学技術庁入庁。在米日本国大使館参事官。科学技術庁計画・評価課長。内閣府参事官。文部科学省基盤政策課長。同省大臣官房人事課長。同省大臣官房政策評価審議官。二〇〇七年、理化学研究所理事（役員出向）。〇八年、大臣官房審議官（研究振興局）。一〇年、研究振興局長。一二年一月、国際統括官。同年五月、内閣府政策統括官。

研究振興局は、二〇〇八年人事では東大法学部卒の磯田文雄が局長になっているが、同省の中ではエリート部署である。倉持の経歴における特色は、七〇年代という比較的早い時期に大学院に進学して修士課程を経たキャリアであることだろう。理研─研究振興局という出世街道に乗り、文科省の考える理研の新たな目玉、再生医療を見据えた人材として育成されている可能性が高い。それ以前にも外務省に出向し、米国の大使館参事、内閣府参事官を歴任しており、米国の科学分野行政、内閣府と文科省のパイプ役として重要な役割を演じていたことが推測される。おそらく当時は、事務次官候補にも擬せられた人材と思われる。論文捏造や研究不正が後を絶たなかった米国の八〇年代を実地で知る倉持が、ＳＴＡＰ細胞論文事件の問題の本質を、彼の特許とビジネスの知識で洞察できない訳がない。事態の収拾に動いていないのは不自然であり、同時に理研サイド自身が倉持の情報によって、特許とビジネスの関係について広汎で深い知恵を与えられていたと見る方が自然である。

倉持という男が、笹井という研究者とどう関わっていたか――、これこそ私には非常に興味惹かれる問題、すなわち〝理研の闇の奥〟である。

科学の傲慢さ

笹井が亡くなったあと、米本昌平・東大先端科学技術研究センター客員教授が、概略、次のような発言をした（八月九日、ＴＢＳ「報道特集」）。

「理研の野依理事長は、事件の報告を与党・自民党に行ったりするべきではなかった。科学の世界で起きたことに政治を介入させるべきではない。自分たちで処理すると明言すべきであった」

米本のような知性が、こういう発言をしてしまう。これは〝科学の傲慢〟という古くて新しい命題なのである。

一九八一年、米国テネシー州。当時、科学界に蔓延した研究不正を深く憂慮するアルバート・ゴア下院議員（後の副大統領、民主党大統領候補）が、調査小委員会を開き、証人として喚問した一人に、アメリカ科学アカデミー会長のフィリップ・ヘンドラーがいた。彼は、こう口火を切ったという。

「科学研究上の欺瞞などという問題で証言するのは、不愉快だし心外である。（中略）この問題は報道によって〝あまりにも誇張された〟ものであり、委員会を開くこと自体が時間の浪費である。科学における欺瞞は非常にまれであり、たとえそのようなことがあるにせよ、それは、〝効果的で民主的で、自己修正的に機能するシステムの下で〟必ず看破される」（『背信の科学者たち』ウイリアム・ブロード／ニコラス・ウェイド共著、牧野賢治訳から適宜引用）

科学は科学界の中で問題を解決できる。政治はいらぬお節介を焼くな。こう言い切ったわけである。多くの議員が「科学者コミュニティ内に蔓延する驕り」に驚いた。部外者に対する「立入禁止」の看板を掲げた発言は、科学界に備わった特有かつ旧弊な因習である。

過去の「偉大」とされている科学者たちの実像が、祭壇に飾られた聖像とは大きく異なっていることを思い出せば、科学史とは捏造と盗用と不正の歴史であることがよく分かる。古代ローマの天文学者プトレマイオスはギリシャの天文学者の観測結果を盗用していたことが明らかになっている。ガリレオの実験結果は他の物理学者には再現不能だったので、彼の実験による数値は捏造されたものであることが当時から知られていた。ニュートンは、主著『プリンキピア』に不適切な偽りのデータを使うことで見せかけの「完全性」を捏造した。メンデルの遺伝学論文の統計にも恣意的な数値の操作があることが今日、証明されている。

科学は、真理を客観的に追究する高尚な学問かもしれない。しかし、そこに従事する人間は、栄誉と金と欲望と狂気に翻弄されながら俗世に生きる俗物なのである。それは、どこの世界とも同じであり、社会の木鐸である新聞記事に捏造があり、聖職者と呼ばれる神父が少年愛に耽るのと同じことだ。

依然として漂流を続ける理研が流れ着く先はどこなのか。再び市川に聞いてみよう。

「笹井さんがいなくなったことで、CDBの価値を分かる人がいなくなった。CDBの価値を説明できる人材がいなくなったのです。今の理研幹部にそうした知識はまったくありません。とにかく、彼らの時代には特許などという概念もなく、野依、竹市には、そんな意識はない。研究機関幹部の管理能力には、研究にどんな付加価値があるのか見出し、予算を獲得することも含まれると思いますが、学問しかやってこなかったお年寄りには、意識がないから、かえって（質《たち》が）悪い。彼らの問題は、気が付かない、ということなのです。技術開発も激しい時代ですから、米国で五、六年はトレーニングを積んだ人でないと、研究機関の経営者として、投資も理解したトップになるのは、無理でしょう」

理研は改革委員会の勧告など、ほとんど無視し去る気でいる。彼らは「悪気はないが、気が付かない」（市川）、そして何よりも傲慢なのである。

「結局、驕《おご》っていたのでしょう」

市川家國の笹井評を聞いて、学部生時代から笹井を知る臨床医はこう語る。

「確かに笹井は科学者として、研究以外にも際立った能力を持っていた。特許や投資、予算を引っ張ってくる点でも辣腕だった。だが、それが、研究者笹井をいつの間にか変質させていた。予算獲得のためにＳＴＡＰ細胞に関わるような傲慢さが身についてしまった」

この臨床医は、若い医局員たちに、次の言葉を生涯忘れずにいて欲しいと、最初に訓戒するという。

「思考に気をつけなさい、
　それはいつか言葉になるから。
言葉に気をつけなさい、
　それはいつか行動になるから。

行動に気をつけなさい、
それはいつか習慣になるから。
習慣に気をつけなさい、
それはいつか性格になるから。
性格に気をつけなさい、
それはいつか運命になるから」

マザー・テレサの言葉だという。人間の運命は、日常生活で積み重なる思考が決める。確かにそうだろう。

科学者としての一歩を踏み出してから自ら命を絶つまでの三十有余年。笹井芳樹の〈思考〉の航跡は、多くの科学者たちの羨望の的だった。鬼籍に入った今、残された者、皆は、彼の〈運命〉について思いを馳せるべきときなのかもしれない。

第7章　そもそも「ＳＴＡＰ細胞論文」とはなにか

「ネイチャー」誌のSTAP細胞論文を検証する

そもそも、STAP細胞とは何だったのか？　STAP細胞は存在しているのか？錯綜する科学者たちの人間関係、官僚たちの縄張りを拡張するための絶えざる策略、ベンチャー企業の錬金術。こうした理研を取り巻く環境に目が行くうちに、いつしか本質的な「科学の問題」を、わたしたちジャーナリズムは、なおざりにしてきたきらいがあったことは確かである。人間と人間が織り成す色濃い模様に幻惑されて、STAP細胞についてのプリミティヴな疑問に答えられる、まとまった記述がない。前章までSTAP論文捏造事件を記述する合間に必要に応じて科学的解説を記述してきたが、この章ではSTAP細胞について、まとまった記述を試みたい。

二〇一四年一月三〇日付「ネイチャー」（五〇五号）に掲載され、七月二日に同誌が撤回した「STAP細胞」とは何であったのか。

STAP細胞とは、動物の体細胞を「酸に浸したり」「細い管を通して」ストレスを与えたりしたところ、体細胞が初期化して多能性をもつようになり万能細胞化し、胎盤にもなったものである。その万能細胞を英語名の「Stimulus-Triggered-Acquisition of Pluripotency cells」（刺激惹起性多能性獲得細胞）の頭文字をとって「ＳＴＡＰ細胞」と名付けられた。

ネイチャーに掲載された論文二本（「アーティクル」と「レター」）には、万能細胞化した「証拠」として、次のような説明文、写真、データが示されていた。

1．「ＳＴＡＰ細胞」の作り方＝メソッド

2．酸につけた細胞が、徐々に集まって塊になってゆき、最後には万能性を示す蛍光がみられた、という動画。

3．白血球のひとつ、リンパ球＝Ｔ細胞から、ＳＴＡＰ細胞を作ったと証明するために、ＰＣＲという方法を使ってリンパ球＝Ｔ細胞とＳＴＡＰ細胞のＤＮＡを比較した解析画像。

――ＰＣＲ（ポリメラーゼ連鎖反応）とは、解析のために膨大なＤＮＡ分子から特定のＤＮＡを選択して増幅する手法である。

4．3に関連して、リンパ球＝Ｔ細胞から作られたＳＴＡＰ細胞に、リンパ球＝Ｔ細胞特有の遺伝子再構成（ＴＣＲ再構成）が見られたと言及し、ＳＴＡＰ細胞を作る前の細胞の分化の記憶を消去して、初期化する原理を発見したという実験結果を盛り込み、アーティクル論文のタイトルにもなった。

5．ＳＴＡＰ細胞がさまざまな臓器に分化する、あるいは臓器になる途中のテラトーマという奇形腫になったことを示す、組織標本。

――テラトーマとは、手塚治虫作の漫画「ブラックジャック」（第一二話『畸形嚢腫』）に出てくる、女性の体にできた奇形腫と同種で、「ブラックジャック」では、この奇形腫の中の組織を組み合わせ、足りない部分をブラックジャックが作って、ピノコを誕生させている。また、現実に胎児の段階で作られた奇形腫が、人間の体内に残っていることがあり、奇形腫のみを切除、摘出する手術は、今でも一般的に行われている。

6．ＳＴＡＰ細胞を、マウスの初期胚に移植し、成体まで成長させてキメラマウスを作った様子。

7．6の手順で作製されたキメラマウスを調べたところ、ＳＴＡＰ細胞は、胎盤をはじめとするマウスのすべての臓器に分化したことを証明する、マウスが緑色に光る写真。

8．ＳＴＡＰ細胞だけでは、細胞分裂し、増殖していく能力はないが、ＡＣＴＨというホルモンが入った特殊な培養液で培養すると、（自己）増殖するＳＴＡＰ幹細胞になることを示した蛍光写真と、染色した組織標本。

9．ＳＴＡＰ細胞とＥＳ細胞（受精卵から作られる万能細胞）、ＴＳ細胞（胚盤胞の栄養膜から作られる幹細胞）の比較。ＥＳ細胞では作れないマウスの胎盤まで作ることができたことを証明する、マウスの胎児と胎盤が万能細胞化して緑色に光った写真。

10．ＳＴＡＰ細胞から作られた胎盤が万能細胞化して緑色に光る写真。

これらの実験結果とデータをまとめた結果、マウスの細胞を酸につけるといった、ストレスを与えたところ、従来の万能細胞では作れなかった、胎盤にもなる万能細胞を作りだすことができ、かつ、もともとの細胞がもっている遺伝子そのものが初期化され、遺伝子が再構成されて、万能細胞に作り変えられた。さらに、ＳＴＡＰ細胞の培養条件を工夫するとＳＴＡＰ細胞は増殖していく能力も発揮するので、将来の再生医療に応用できる、と小保方晴子は結論づけた（以上、「ネイチャー」からの要約翻案）。

ところが、世界が注目した論文掲載、華々しい記者会見から二週間も経たずして、国内外の研究者から疑問、疑念が噴出したのだ。以下、そうした批判を列記する。

1．論文通りに、ＳＴＡＰ細胞を作ろうとしたが、作れない。
↓ＳＴＡＰ細胞再現実験をしている丹羽仁史は、八月末の再現実験中間報告の記者会見で、小保方のマニュアル通りに再現実験しようとしたが、小保方の記載した配合通りに、溶液を作ろうとしても、強酸性になってしまい、論文通りのｐＨにはならなかったこと、論文通りの内容では実験が不可能であることを明らかにしている。
2．論文に書かれている「メソッド」の中に、二〇〇〇年頃に生産中止になったドイツの老舗カメラメーカーのライカ電子顕微鏡の型が示されている。三〇歳と若い研究者である小保方晴子が「古道具屋で売っているようなライカの電子顕微鏡」を手に入れることはできない（理研が情報開示した小保方晴子の物品購入リストにも、ライカの電子顕微鏡の購入履歴はない）。
3．論文のまるまる一章が、数語の単語をのぞいて、ドイツの研究者が書いた文章（二〇〇五年発表）と一致。
4．論文の別の箇所には、すでにM＆Aで合併し、社名がなくなった製薬会社の名前が記載されていた。この一章もまた、ケンブリッジ大学とマサチューセッツ工科大の共同研究論文の一章と、数語の単語をのぞいて、一致。
↓3、4の疑惑について理研は「過失」を認めている（不正ではなく「過失」）。

ところが、笹井芳樹が小保方の研究に参加する以前、一番初めに小保方、若山、ヴァカンティらが、ネイチャー誌に提出した最初の論文にも、すでにこれらの盗用は見られ、当初から他の論文の盗作ありきで論文が作成されたことを指摘する理研関係者もいる。

「小保方さんが書いた論文は、おそらくヴァカンティが英文だけは校正を加えたのでしょう。英文法に間違いはないのですが、とにかく、引用文献のリストもなく、論理的な展開もみられず、中高生が実験記録を書いたとしても、もっとまともな文章が書けるであろう、というシロモノでした。あの、あまりに酷い文章を読んだうえで、小保方をユニットリーダーに採用した理研が『単なる過失』とするのはおかしい」（理研関係者）

5．遺伝子解析画像には、本来、ＳＴＡＰ細胞を作るために用いたＴ細胞の遺伝子の痕跡も残っていなければ、Ｔ細胞からＳＴＡＰ細胞を作り出した、という証拠にはならない。ところが、小保方が提出したデータには、Ｔ細胞由来の遺伝子配列が欠落していた。つまり、論文のどこにも「Ｔ細胞からＳＴＡＰ細胞を作った根拠」が示されていなかった。

6．遺伝子解析画像に、切り貼りの痕跡や、偶然にも同じ箇所に小さな傷が見つかった。つまり、小保方が提出した遺伝子解析は、ほかの実験で用いた解析画像を切り貼り、複写するなどして、都合のいい実験データを捏造したのではないか。

→5、6の疑惑について、理研は遺伝子解析画像に捏造があったことを認めた。

そして、この5、6のデータ捏造について、「ネイチャー」掲載前に、小保方らが論文を投稿した「セル」の査読者から、すでにデータ捏造の指摘がなされ、論文は却下されていた。

7．小保方晴子がＳＴＡＰ細胞から作った、とするテラトーマの標本写真は、小保方晴子が早稲田大学に提出した「博士論文」に使われたまったく違う実験の写真と同じ。ＳＴＡＰ細胞論文では、「マウスのＴ細胞から作ったテラトーマ」とされた「写真」が、早稲田大学博士論文では「骨髄から作ったテラトーマ」とされている。

8．さらに、7の画像において、ネイチャー論文では黒く塗りつぶされた箇所を調べてみると、「平滑筋細胞」という文字など、博士論文時のクレジットを黒く塗りつぶしていることがわかった。博士論文で、骨髄から作った平滑筋細胞として使われている写真の説明を、意図的に塗り潰し、「小保方晴子氏の意思で、同一の写真に、異なるクレジットをつけていた」ことが明らかになった。

↓7、8の疑惑について、理研の内部調査委員会は、博士論文からの画像の使いまわし、データの捏造を認めた。
9．STAP細胞は胎盤にも胎児の全身の細胞にもなる、という根拠に使われていた、胎盤と胎児が光る画像について、同一の写真を、二枚の写真のように使いまわしていたことが判明。
↓当初、小保方も若山教授も、STAP論文には膨大な資料があり、それらの資料をチェックしそこねたために起きた些細なミス、と主張していたが、その後、若山教授は、三月になって、（共著者に）論文撤回を呼び掛けた。
10．別の胎盤と胎児が光る写真について、写真そのものに補正がかかっていることが指摘された。また、写真そのものが、STAP細胞から作られたものではない、ES細胞、TS細胞から作りだした胎盤と胎児を組み合わせて、撮影された疑いも指摘された。
↓ネイチャーは、この写真の不正を認定し、論文を撤回した。また、再現実験中間報告会見で、丹羽は小保方が撮影した「マウスの胎盤と胎児が光る」写真について、「誰も撮影現場を見ていない」ことに言及した。

　これにより、STAP細胞が胎盤や胎児になる、という根拠はすべて消滅した。
11．酸につけたSTAP細胞が集まって、塊になり、万能性を示して光る、という動画は笹井が

「STAP細胞でないと説明できない」と、STAP細胞の最後のよりどころとしていた動画であるが、広島大学の難波紘二名誉教授をはじめとする国内外の研究者から「細胞が死ぬときに発光する現象であり、万能性を示すものではない」と、指摘された。

12．ネイチャー論文の、他の実験データ、遺伝子解析結果について、慶應義塾大学の吉村昭彦教授は「実験初心者にありがちな、実験ミス」と指摘。

13．STAP細胞はSTAP幹細胞になる、という実験データのグラフが、山中伸弥・京大教授がノーベル生理学・医学賞を受賞したセル誌の「iPS細胞論文」と酷似、数値まで一致している。

これらの論文に添付される図表は、通常、実際の実験記録をエクセル入力、表作成されるものだが、小保方のデータは、日付と数値にズレがあり、実験記録を図表にしたものでないことがわかっている。さも、「山中伸弥教授の論文の図表」をそのままパソコン画面上でコピーして、貼り付けたかのような、複写によるズレがみられた。

14．そのほかの画像においても、二枚の画像を一枚に合成した痕跡がみられた。

これらの疑惑に加え、心療内科で加療、入院中の笹井にかわり、STAP細胞の詳細なマニュアル（プロトコル）を三月五日、ネット上に公表したプロトコルの著者でCDBプロジェクトリーダーの丹羽は、マニュアルの文中に、STAP細胞にはTCR再構成がなかった、という一文を盛り込んだ。

この丹羽が、さりげなく盛り込んだ決定的事実は、その後「STAP細胞とは何であったのか」が判明する、重要な転機となった。


その後、六月に理研CDBが行った自己点検検証委員会の報告によると、そもそも、ネイチャー論文が発表される一年前から、丹羽、笹井は小保方から「TCR再構成はない」ことを報告されていたという。

難波名誉教授、吉村教授といった免疫の専門家が指摘しているように「TCR再構成がみられないならば、T細胞が初期化されて万能細胞が作られたという根拠を失ったことになる」のである。


にもかかわらず、ネイチャー論文には「TCR再構成が見られた」という「嘘」が盛り込まれ、その「嘘」が、なんとネイチャー誌の論文タイトルにまでなったのだ。

一年前から「TCR再構成はなかった」と、理研CDBでは情報共有がなされていたものの、若山は「論文発表前に、TCRに変化があると報告され、それを信じていた」のだという。

当然のことながら、三月五日に理研の丹羽が公表した「TCR再構成はなかった」という一文に若山は衝撃を受けた。

そして、「STAP細胞がT細胞から作られたという根拠はなくなった。STAP細胞の存在に確信がもてなくなった」として、二月の段階で、著者の独自取材に「小保方さんから渡されたSTAP細胞で作製した幹細胞は保管してあり、必要があれば第三者機関で、遺伝子解析をする」と言及した通り、自分が保管していたSTAP幹細胞、キメラマウスの遺伝子解析を、放射線医学総合研究所の知り合いに依頼したのである。

STAP細胞の正体

若山は六月一六日に山梨大学で会見を開き、若山の手元に残っていた二種類のSTAP幹細胞の解析結果を公表した。

この会見が意味するところは、「小保方がSTAP細胞と呼んでいるものは、マウスのリンパ球から作られたものではなかった」「STAP細胞はES細胞から作られたもので、STAP細胞など存在しない」ということだ。

若山が第三者に解析を依頼した細胞は二つ（のはずであった）。

二種類のSTAP幹細胞は、一つはネイチャー論文にデータが記載されているもの、もう一つは、その後、小保方が作製に成功したというSTAP細胞から作ったものであった。

STAP細胞を作るには、次のような手順を踏む。まず、その後の遺伝子解析を想定して、遺伝子コントロールがなされた実験用マウスを殺して、脾臓を取出し、リンパ球（T細胞）だけを選別する。そのリンパ球を弱酸性の液に浸して、ストレスをかければ、リンパ球からＳＴＡＰ細胞ができる、というのが小保方の言うＳＴＡＰ細胞の作り方である。

ＳＴＡＰ細胞を作るために、若山が小保方に渡したのは、当時の理研ＣＤＢ若山研究室で飼育されていた「Ｂ６系統」というマウスと、「１２９系統」のマウスを交配させて得た新生児マウスであった。

はたして実際に小保方が若山から受け取った「１２９系統」マウスのリンパ球（白血球の一種、Ｔ細胞）からＳＴＡＰ細胞を作ったのだとしたら、ＳＴＡＰ細胞の遺伝子、そのＳＴＡＰ細胞を組み込んだ受精卵から作られたキメラマウスの遺伝子は、「１２９系統」マウスの遺伝子と一致しなければならない。

ところが、若山が第三者機関に依頼した遺伝子解析では、「１２９系統」のマウスの遺伝子ではないことが判明した。

この会見で、若山は「ＳＴＡＰ細部の遺伝子は、若山研究室にはいないマウスの遺伝子」と指摘していたが、同時期に小保方のＳＴＡＰ細胞の遺伝子解析を行っていた理研の遠藤高帆上級研究員により「若山と第三者機関の解析ミス」が指摘された。遠藤上級研究員の解析によれば、ＳＴＡＰ細胞の遺伝子は小保方が在籍した若山研究室内で飼育されている別系統のマウス、「ＣＤ１」系統の可能性があるという。理研と若山は、その後の再調査で、遠藤上級研究員の指摘通りの解析ミスがあったことを認め、会見内容を一部訂正した。

だが、この第三者機関の解析ミスと、遠藤上級研究員の指摘は、小保方の不正をますます裏付けるものとなった。

仮に、若山研に129系統、B6系統、CD1系統という、三種類のマウスがいたとしても、若山から小保方に渡され、STAP細胞作製で使われたマウスの親はB6と129なのだ。

ところが、若山が小保方から渡されたSTAP細胞から作製したSTAP幹細胞の遺伝子には細胞作製に使ったマウスとは異なる遺伝情報をもったマウスの遺伝子が混ざっていた。

つまり、ネイチャー論文に書いてある「マウスのリンパ球から、STAP細胞を作りました」という実験過程で、小保方が「CD1系統マウスの細胞を混ぜあわせて作ったSTAP細胞と呼ばれるなにか」にすり替えていたことが明らかになった。


もう一種類のSTAP幹細胞の遺伝子解析結果は、もっと衝撃的なものだった、「STAP幹細胞」は、STAP細胞との比較実験をするために作られ、保管されていた若山研究室の「ES細胞」の遺伝子と一致していたのだ。

つまり、小保方はSTAP細胞と称して、同じ研究室内で培養されていたES細胞を培地に仕込んでいた可能性が高い。

これらの結果から、若山は会見で「STAP細胞はES細胞から作られた可能性が高い」と結論づけたのである。

一方、若山と同時期に、STAP細胞に疑問を抱き、公表されている論文のデータを読み解いていた人物がいる。前出の、理化学研究所統合生命医科学研究センターの遠藤上級研究員だ。ちなみに理研の上級研究員という職種は、小保方のユニットリーダーよりはるかに等級が上の専門職である。

遠藤上級研究員は、ネット上で公開された、二種類のSTAP細胞の「全遺伝子発現データ」を読み解いて、論文にまとめた（ネイチャー誌は、世界中から不正疑惑が指摘されたため、STAP細胞論文のすべての情報をネット公開している）。

遠藤上級研究員は、データの解析によってSTAP細胞の8番染色体に「トリソミー」と呼ばれる異常があったことを指摘したのである。

8番染色体トリソミーは、シャーレで培養を繰り返していったES細胞に、高頻度でみられる染色体異常だ。マウスもヒトも、生物の細胞にある染色体は二本の鎖が対になり、コイル状に連なっているものである。ところが、「8番染色体トリソミー」とは、本来、二本の対になっている遺伝子が、一本多い、三本になっていることを意味する。

染色体には、マウスやヒトの生物のすべての情報、設計図が盛り込まれている。その設計図が一本多い、ということは設計図に狂いが生じてしまう。

このため、13番、18番、21番の染色体トリソミーという生存可能な例外をのぞき、染色体の本数に異常がある場合、胎児のうちに死亡してしまう。

8番染色体トリソミーのマウスが、母親マウスから生まれてくることは現実にはありえない。しかし小保方は、この新生児マウスから取り出した細胞でＳＴＡＰ細胞を作製したとしているのだ。

8番染色体トリソミーは、シャーレの中で、受精卵から取り出したＥＳ細胞を、何世代にもわたって培養しているときに、五分の一程度の確率で起こる現象なのである。

ＥＳ細胞やｉＰＳ細胞といった幹細胞、万能細胞研究の「最大の課題」もここにある。人工的に万能細胞を作り出すことができる、といっても、それは人智が及ばぬ「神の領域」でのことであり、人間の技術力で作り出したＥＳ細胞、ｉＰＳ細胞は時として「神の悪戯」がもたらす遺伝子のコピーミス、細胞分裂の失敗が、つきまとうものなのである。現時点で、再生医療など不可能であることを、はからずもＳＴＡＰ細胞をめぐる検証は証明してみせたのだ。

遠藤上級研究員が用いた遺伝子解析手法はバイオインフォマティクスと呼ばれ、確率論とコンピューターの原理を、生物の遺伝子解析に応用させた、非常に特殊な研究分野だ。理研改革委員会の市川家國・副委員長は「竹市センター長、野依理事長には、遠藤氏の解析結果を隠蔽する意図はなく、この難解な新しい学問を理解できなかったのでしょう」と、言及している。

野依、竹市といった老害には、よもや小保方たちがネット上に公開した「ＳＴＡＰ細胞の遺伝子配列」から、「この世に存在しないモンスターをシャーレに混ぜこんだ」不正がばれるほど、科学技術が進歩しているとは考えが及ばなかったのかもしれない。

若山の依頼した第三者研究機関と、遠藤上級研究員の「STAP細胞の遺伝子」解析を総合すると、結論はただ一つ。

「STAP細胞とは、小保方晴子が、理研CDB内のどこかの研究室に眠っていたES細胞を盗みだし、別の培地で培養しただけのインチキである。当然、この世には存在しないし、誰も作れない」

「STAP細胞は、ES細胞で作られたもの」という決定的証拠が、これだけ揃っているのに、理化学研究所は愚かな「STAP細胞検証実験」をやめない。

もはや検証実験そのものが茶番なのであるが、その不毛な検証実験をしている丹羽仁史は、検証実験の中間報告で興味深い発言をしている。

もし、STAP細胞が本当に作れるのだとしたらSTAP細胞の存在意義は「ヒトやマウスの細胞が、刺激を与えるだけで初期化され、万能細胞に作り替えられる」「ES細胞やiPS細胞には作れない胎盤も作れる」という二点である。胎盤というのは、受精卵から作られるもので、受精卵のうち、胎児になる細胞と胎盤を作る細胞、それぞれに分類したものがそれぞれ、ES細胞、ＴＳ細胞と呼ばれている。従来から指摘されているように、受精卵（人間の命）を再生医療に使う、というのは人道上、宗教上の問題があり、受精卵はもちろん、ＥＳ細胞、ＴＳ細胞の使用も欧米では問題視されている。

だからこそ、ｉＰＳ細胞と同じく、受精卵やそれに付随するＴＳ細胞を犠牲にすることなく、患者の体細胞から、胎盤も作れる万能細胞が作り出せるとなれば、非常に画期的な発見であったのだ。だが、八月末の検証実験中間報告の会見の席上、丹羽はこう言った。

「胎盤が光った写真は見ました（緑色に光ると万能細胞であることを証明できるが、細胞が死ぬときにも、同様に発光する）。ですが、誰も（その撮影現場を）見ていません」

キメラマウスの胎児とともに胎盤が緑色に光ったことを根拠に、ＳＴＡＰ細胞はＥＳ細胞単体ではなく、ＥＳ細胞とＴＳ細胞を混ぜ合わせたもの、とも言われてきた。そして故・笹井ＣＤＢ副センター長は「ＳＴＡＰ現象でないと説明がつかない」とも嘯《うそぶ》いてきた。ＴＳ細胞以外の既存の幹細胞には、胎盤が作れないからだ。

だが、その胎児と胎盤が光った画像そのものを、「ネイチャー」は「不正」と認定し、論文を取り下げる理由にしている。さらに丹羽は、小保方単独で立会人なしならいくらでも「やらせ写真」を撮れる環境にあったことを暗に認めている。

「やらせ写真」など、いくらでも作ることができる。

緑色のフィルターを装着して撮影する、電子顕微鏡の露光に細工する、光る胎児と光る胎盤それぞれをＴＳ細胞、ＥＳ細胞で別個に作って胎盤と胎児のへその緒がくっついているかのように「見せかけて」撮影する……ネッシーやＵＦＯ、妖精や亡霊と同じく、それらしく見える写真を一枚合成しさえすれば、ＳＴＡＰ細胞にまつわる詐欺トリックは完成したも同然なのである。

もはやＴＳ細胞とＥＳ細胞を混ぜたら、胎盤と胎児が同時に光るか、いや細胞同士はくっつかない、などと「インチキ合成写真」を俎上にあげて、科学的な検証、議論をすること自体が、ナンセンスなのである。

笹井をはじめとする共著者が、ネイチャーに不正と認定された写真と、ＳＴＡＰ細胞がＥＳ細胞やＴＳ細胞と比べて細胞塊が小さく均等な細胞であることを根拠に、「胎盤も光るし、小さな細胞だから、ＥＳ細胞の混入はない。ＳＴＡＰ細胞でないと説明がつかない現象だ」と、いくら強弁したところで、遺伝子が示した、小保方がＥＳ細胞から「ＳＴＡＰ細胞」を作り出した決定的証拠は覆すことはできないのである。

エピローグ

過去の論文不正問題を知る者にとって、小保方の研究不正と論文捏造のスタイルは、ごく類型的なものにすぎない。多くの人々は、研究と論文執筆に関わった研究者の声望と少なくない人数に驚き、「なぜ、事前に小保方の暴走を止められなかったのか」と不思議に感じた。

しかし、研究不正と論文捏造の歴史を知る者には、陳腐とさえ言える構造なのである。

科学の不正行為の歴史を体系的に網羅した古典的作品に『背信の科学者たち』（講談社、ウィリアム・ブロード／ニコラス・ウェイド著、牧野賢治訳）がある。今もって色褪せない名著だが、その中から、一つの事例を引いてみよう。文章は牧野賢治の訳文を基に、簡略に記すことにする。

＊

一九八一年五月、アメリカ、ハーバード大学医学部で、重大な事件が明らかになった。世に言う「ハーバード大学事件」である。

アメリカの指導的な心臓病学者のひとりで、ハーバード大学でも最も権威ある二つの病院の医師長でもあったユージン・ブラウンワルドが、若くして才気あふれた彼の弟子、ジョン・ダーシーに、まんまと研究不正の片棒を担がされたのである。

背が高く、愛想の良いダーシーは、心臓血管の研究における最先端の研究競争の中でひときわ輝いていた。この若き内科医は、ハーバードでの二年間に、論文と抄録をおよそ一〇〇篇も発表していた。これは驚異的な数字だった。その多くは、ブラウンワルドとの連名で発表された。二つの研究室と国立衛生研究所（ＮＩＨ）からの三〇〇万ドル以上の研究費を統括するブラウンワルドは、ダーシーのためにハーバードの中に独立した研究室の開設を考えていた。しかし、ブラウンワルド研究室のほかの若い研究者たちは、ダーシーの研究に疑念を抱いていた。その並外れた数の論文を生んだ研究が、どのように行われたか、疑問に思っていたのである。一九八一年五月のある夕方、ダーシーを密かに監視していた研究員たちは、彼がデータを捏造している現場を目撃した。問い詰められたダーシーは不正を白状したが、捏造はあくまでこれ一件だと強弁した。だが、ほかの論文にも捏造が存在したことが、調査で明らかになる。研究員たちは、ブラウンワルドに、ダーシーの捏造は体系的に行われたものだと報告した。

しかし、ブラウンワルドは、「単発的な事件」だと信じ、こう語った。

「まさにあの時期、私たちは素晴らしい人物を得ていた。彼は私が共同研究を行った一三〇人の研究者のうちでも最も傑出した人物のひとり、いや最も傑出した人物だった。事件が公にでもなれば、彼は生涯、破滅の道を歩まねばならない」

その後、ダーシーは、ハーバード大学での地位を剝奪されたが、研究室に残ることは許された。実験データの捏造は伏せられたまま、全てのデータに疑問符が付けられたことも、当時、ダーシーの論文を拠りどころにしていた科学者たちには知らされることがなかったのである。

この大学当局によってなされた、事件後五カ月間にわたる措置は、ダーシーの捏造を「偶発事」と捉え、今後彼が捏造を行う機会は「消え失せた」と楽観視した結果だった。ダーシーは、何事もなかったかのように研究を続け、論文を発表した。その実験の中には、NIHから七二万四一五四ドルの研究費が出ているプロジェクトが含まれていた。

何事もなく時が過ぎていった五カ月後、一九八一年一〇月、ハーバード大学当局は、NIHから、ダーシーの提出したデータには問題があるという報告を受け取ることになる。その時、初めて関係者は、一度でも捏造したことがある研究者は、その他の実験においてもデータ捏造の誘惑には勝てないものだという事実を理解しはじめたのである。

ハーバードの長老会議が任命した最高委員会は、三カ月後に、NIHの援助に基づくダーシーの研究には〝非常に疑わしい異常な結果〟が含まれていることを認めた。さらに、ダーシーが責任者となって、他の研究者と共同で行っていた研究にも〝操作が加えられた〟のではないかという疑いが浮上した。しかし、ダーシーは五月に犯した捏造以外のいかなる不正も否定した。医学会の重鎮で構成された最高委員会は、ハーバードの取った事件への対応やその後の措置を批判しなかった。それどころか、NIHすら、全国ネットのテレビ放送で、ハーバードの報告の遅れをたしなめる程度の非難で終わっていた。結局、ダーシーが捏造の現場を押えられてから丸一年後、報告書が公表されるときも、捏造の影響はきちんと評価されず、ハーバード大学医学部当局は、依然として公式判断を下さなかったのである。

＊

いかがだろう。ダーシーを小保方に、ブラウンワルドを笹井に置き換えて、舞台をハーバードから理研に替えてみれば、人間のやることは大同小異と、誰しもが思い知るだろう。三〇年以上前にアメリカで起きていた捏造事件の構図が、今頃日本で、そっくりそのまま行われているのである。


科学者の不正行為は、今後も増えこそすれ、減ることはないだろう。

そもそも、日本では不正を取り締まる公的機関の法整備が確立されていないし、科学コミュニティ独自の調査ルールがあるわけでもない。不正問題対策の先進国であるアメリカのように、研究公正局（ＯＲＩ）が設立されても根本的な解決策にはなっていないのが現状である。それどころか、研究不正の数は増えているのである。まして、日本では、今まで「対岸の火事」と静観を決め込んできたのが現実である。これまでは明るみに出なかった、小保方ケースに類似した他の事件が、表沙汰になることだろう。

アメリカでは一九八〇年代から九〇年代、世界に先駆けて科学者の不正行為が社会問題化した。

予算という名の「税金」を研究費として使いながら、研究不正を行う科学者が急増したからだ。科学研究費を配分する役割を負っていた国立衛生研究所（ＮＩＨ）は、一九八九年に科学公正局（ＯＳＩ）を研究所内に設置したが、上手く機能したとはいえなかった。事態は好転せず、監視の目が行き届くようにと、新たにＯＲＩが設けられたのが一九九二年のことである。

ＯＲＩは、ＮＩＨから独立した組織だが、不思議なことに、ＮＩＨから研究費を受け取って行われた不正行為しか調査対象になっていない。つまり医学分野の不正に限定されていて、おまけに民間企業の研究不正に関わることはできないのである。

すべての社会現象がアメリカに二〇年遅れてやって来ると言われる日本のばあい、不正行為への取組みは二十一世紀に入ってからのことだった。医学、バイオ工学の二分野を筆頭格に、日本の研究不正に懸念の声が大きくなっていたところに、小保方晴子のＳＴＡＰ論文捏造事件が起きたわけだが、批判の声を上げた科学者たち、研究機関の言い分が多種多様だったのも、研究不正に対するガイドラインが確立されていないため、「不正の定義」が、研究分野や研究機関、研究者個々人によってまちまちで、明確ではなかったことによる。理研には理研のローカル・ルールが存在し、日本分子生物学会にはこの学会独自のルールがある。いずれが世界標準に近いものかはさておき、小保方問題をどう扱うかで科学コミュニティにおいてさえ様々な意見が噴出した背景には、何のことはない、科学者たち本人が今までマトモに研究不正についての詰めた議論をしてこなかったツケが存在していた。

これからますます増えることが予想される科学者の研究不正行為に、スタンダードなナショナル・ルールを作ることが求められる所以である。

また、不正行為をどう評価していかに対処するか、さらに本人をどう処罰するか、起きてしまった不正に客観的なジャッジメントをするだけでは、所詮、イタチごっこである。根本的な解決策として科学者の倫理教育にもメスが入れられなければならない。

今回の事件でクローズアップされたのが、早稲田大学理工学部教授陣に見られる認識の甘さである。小保方が、科学者として基本的な訓練を受けていなかったことは、実験室でのピペットの扱い方からも窺えたが、決定的だったのは、あの稚拙すぎる実験ノートである。小保方に博士号の学位を与えた早稲田大学は悪質であり、その責任は極めて重い。

ノーベル賞受賞者、小柴昌俊が、こう慨嘆する(「科学者のやり方」現代思想8月号、青土社)。

「私自身、若い人を教育するということからもう十数年離れていますから、あまり言うことはないのだけど、例えば彼女が早稲田大学で学位を取ったなんていうことを報道でなんとなく聞いていると、早稲田は何をやっているんだという気がしてきますよね。

とにかく、産業の得になるような科学技術ばかりでなく、基礎科学やその教育の面白さのほうにも普通に光が当たってほしいですね」

小保方の起こした事件の本質とは何だったのか?

社会を揺るがす問題が生まれると、あらゆる場面で、その本質が問われることになる。「その問題の本質は、何なのか？」とはよく口の端に上るのだが、何が本質かが分からないから苦労するのであって、それをキレイに腑分けして解題を付せといわれても、どだい無理な注文である。

本書では、STAP論文捏造事件という事象にかかわる多数の要素を、なるべく独立した形で取り出して、その内容を検討した。サイエンス・コミュニティに身を置く科学者ではない筆者が取り得る方策でもあった。

この「ハーバード大学事件」、「ヘンドリック・シェーン事件」、「黄禹錫事件」に並ぶであろう、世界を揺るがした小保方事件に関しては、多くの識者が、それぞれの立場から意見を述べている。私には、その事に異を唱えるつもりも、資格があるとも思われない。しかし、そのどれもが「群盲、象を撫でる」の域から脱していないもどかしさを感じていた。

これから提示する一つの視座を、私は、ひとりの科学者との対話から教えられた。これまで、科学者からも、科学史家からも、まして科学ジャーナリストからは、決して聞かれなかった論説である。

北海道大学名誉教授、チューリヒ工科大学特別研究員の武田靖である。武田は、大学の工学系の学科で原子核物理学を学んだ後、原子力に関係する機械工学的内容で学位論文を書き、工学博士号を取得した。その後、ヨーロッパの研究所に移り、流体力学の理学的な研究によって理学博士号を取得している。つまり工学と理学の両方を修めたまれな研究者なのである。「職業としては、技術者《エンジニア》であり科学者《サイエンティスト》でもある」と本人は笑う。彼のこの事件に対する論評は、実に的を射た慧眼である。まさに本質を衝いた議論である。少なくとも、私にとっては「天啓」になった。

＊

――STAP論文事件をどのように御覧になったか。

【武田】日本の科学界に、現在潜んでいる根本的な問題があるように思うので、それについて述べてみたい。

小保方が学んでいた化学工学は、工学のなかで、最も技術らしく、サイエンスという意味での科学から遠いように思う。化学工学の対象は、化学反応を含む「物作り」を理解しようということにある。ところが、その過程は非常に複雑で、いわゆる素過程を取り出すことが非常に難しい。そのため、その過程に関係する多くのパラメーター（注・その「系」の状態を決定する、個々の変数の値）をどう調整すればどのような物が出来るかということを、結果として、提示するのが関の山なのである。

――プロセスには、さほど重点を置かないで、出来上がった物を「こんなのが出来ました」と報告する姿勢が強いということか。

【武田】そうだ。どうして出来上がったのかということは、必ずしも追求しない。あるいは、ほとんど出来ない。

――そう聞くと、小保方独特のあらゆる局面での非科学的な語り口に、なんとなく、説明がつくようにも思える。

【武田】つまり、そこ（化学工学）では、科学に最も重要な「なぜ？」という内なる問いかけに、答えを見出すことが、ほとんど困難なのだ。その結果、「なぜ？」という問いかけすらしなくなり、ただひたすら実験を繰り返すことになる。

おそらく小保方は、そのように学んできたのだろう。つまり、「なぜ？」という問いかけをすることの重要性を学んでいない。

彼女の言い分を聞いていると、そうとしか思えない。実験を繰り返して、二〇〇回も実現できるようになっていれば、どういうパラメーターの範囲でそれが実現されるかを考えるものだ。科学的な姿勢と発想を持っていれば、「なぜ」そうなのかを、当然考えてしかるべきなのである。

なぜそうなるかを考えていれば、もっと自信を持って説明できるはずなのだ。何も全てを分かる必要はなく、分かることと分からないことが、はっきりしていれば良いのである。

小保方を擁護するとすれば、「技術者」ならば、それでも良いということだ。「なぜ」かが分からないとしても、確実に物が作れれば良いのであるから。

――今、日本の科学の世界では、そうした風潮が蔓延しているように思える。産業に結びつくための技術に偏した科学、あたかも結果を即座に出せるかのような。そこに利権と予算と拙速主義が集中して同居すると、必然的に今回のような捏造事件が起きてしまうのではないか。

【武田】理研の最高トップの野依氏は、ノーベル化学賞を受けた化学者である。

ここでぜひとも考えておかなければならない問題がある。それは、こういうことだ。現在の化学は、すでに科学としての役割は終了している。つまり、錬金術から始まった物質の変化の本質を知りたいという本来の科学としての化学は、分子・原子の発見と、量子力学の完成によって、究められてしまった。

同じノーベル化学賞の白川英樹氏以降、田中耕一氏、下村脩氏、鈴木章・根岸英一両氏の業績も、純粋な意味での科学としての化学というよりも化学技術に近い。全般的に、現在の化学界はより応用の気配が強い。誤解を怖れずに言えば、「科学を忘れた化学」なのだ。

このことは、一見、STAP論文事件と直接の関わりはなさそうに思えるが、大きな意味では背景として効いているのだ。

――科学を忘れた化学が、むしろ現代では科学の本流に座している。

【武田】知り得る範囲での推測であるが、理研の運営は非常に欧米的で、トップが研究の方向性を決めて、それに全リソースを傾注するやり方のように見える。これまでの科学研究所の運営は、必ずしもトップダウンではなく、強いリーダーシップを発揮するのは難しかった。

現在の理研では、トップが野依氏である。そして残り五人の理事のうち、二人が化学系、ほかの二人が官僚の天下りだ。運営システムがトップダウンだから、その研究の方向性は推して知るべしである。つまり、科学を忘れた化学者のリードの下、科学を知らない若いエンジニア系の研究者が、ふんだんな資金と自由さをもって、生命科学の大きなテーマに取り組んだわけなのである。

しかも在職中に成果を挙げさせようとする官僚主義的な理事会の圧力の下で。

こうして騒動は起こるべくしておきたのである。しかもその騒動の中味たるや、科学そのものではなく、マネジメントの問題だった。特許や特定法人化などの管理運営面の要請の方が強い。したがって、当然、その全責任は野依理事長にあるだろう。おそらく早期の収拾をはかりたいという強い指示が出されていることは想像に難くない。

――今回、連座した研究者のほとんどが工学出身者でバイオメディカル分野であることは、再三指摘してきた。

【武田】プレーヤーは化学系である。そしてその精神は技術系である。そういうチームが、生命科学の最もホットなトピックスである万能細胞の問題に挑戦して、しかもひょっとすると、iPS細胞技術が不要になるかもしれない技術を開発したと発表すれば、それ相応のリアクションが起きるのは当然だろう。

もし、STAP現象と呼ばれるものが本当だとすれば、すでにそれは科学の範疇から技術のテーマになってしまうのである。

対抗勢力にとっては、ある意味で存亡の危機と感じられたかもしれない。（遠藤高帆らの）理研チームが発表したＳＴＡＰ論文の穴の見つけ方やそのスピードは、科学系研究者のものである。博士論文の文章と画像にまで遡《さかのぼ》って調べあげるという執拗さは、技術系研究者にはない。

——科学系研究者と技術系研究者の闘いでもあった、と？　笹井は技術系研究者に抱きこまれてしまった科学系研究者ということになるかも知れない。その結果、破滅した。

【武田】科学と技術は、別の文化で、だから科学者と技術者は異なる人種なのだ。たとえば、こういう例もある。地震予知法の開発と活断層議論がすでに技術の問題で、そこに科学者が科学分野での方法論を持ち込んで混乱を惹き起こしている。

今回の騒動の本質は、逆に、技術者が技術研究のやり方で科学的発見をしたと主張したことにある。どちらにしても、法《のり》を超えているのである。その結果、社会に混乱を惹き起こしているのは、一般社会にとっては大迷惑なことである。

残念ながら、科学と技術のどちらも、哲学的意味合いで、我々日本人には未だ本物の文化として消化吸収されていない。科学者と技術者がそれぞれ自らの分を弁《わきま》えて、誇りをもって自分の役割を果たすところまで、文化として成熟していない。

——ＳＴＡＰ騒動を作ったメディアについて、どういう感想を持ったか。

【武田】メディアにも同じような構図が見えることを指摘したい。科学の問題であるにもかかわらず、メディアが火をつけた。メディアの中にも文学系の人と社会系の人がいる。今回の件では、前者が火をつけたマッチであり、後者がそれを煽った団扇である。それが彼らのビジネスだと言われれば、何ともならないのだが、それでは科学ジャーナリストはどうしていたのだろうか？ほとんど役目を果たしていないのではないか。まともな解説を見ることは出来なかった。

――小保方問題の本質は分かったが、その最終的な責任を取る人間がひとりもいない。危惧すべきことではないか。

【武田】科学系と技術系という本質的に相容れない二つの集団。化学系と生命系という、これも基本的に知識体系の異なる集団。研究そのものに関心がある若手研究者と成果のみを求める官僚主義的管理者。さらには京都大学と理研という組織間の対抗。

幾重にも重なった蛸壺が重層的にからんだ騒動なのである。そして恐らく、旗を振ったのは野依氏であろう。

＊

武田は、私がぼんやりとＳＴＡＰ事件に感じていた全体像に、科学者の立場から明確な線で輪郭を描いてくれた。科学者と科学を忘れた科学者、利権に集まる官僚、資金を集め、株で大きく儲けるベンチャー企業、その後ろに控える医療と化学を専門とする商社などの経済界。新たな国策産業化を目論む再生医療、バイオ産業分野に巣食う人々の錬金術の構図。そこにばかり目が向き勝ちな私に、武田は科学者の立場から、新たな視点をもたらしてくれたのである。

小保方は、科学を裏切ったのだろうか。どうやら、問題の本質はそうした問いの中にはないのかも知れない。むしろ小保方は、科学によって拒絶され弾かれてしまった、破門された科学者なのではないか。

科学という学問、そして研究は、従事する者に対して、情け容赦ない苛烈な献身を要求する。「それでも地球は回る」と言ったガリレオの時代から、己が身を焼き尽くすような科学への憧憬と献身、自己犠牲が、科学者の栄光を保証し、彼らの名をその歴史に刻んできたのである。時代の変遷の中、科学を忘れた化学者がメイン・ストリームに立つようなことも、たとえ一時はあるにせよ、まかり間違っても、技術者が科学者に成り代わるような世は決して来ないのではないか。それを科学は許さないだろう。

技術者が自らの法を超えて、「科学者」として、科学の世界に一歩でも足を踏み込んだが最後、僭称者には手酷い復讐が待ち受けている。

小保方晴子は、科学を裏切ったのではない。科学が、彼女を、その世界から放逐し、罰したのである。

あとがき

戦後史の流れのなかで、科学分野の政策を担う役所と官僚が果たしてきた役割は、大きなものであった。官僚の立案する政策を受けて立法する立場にある政治家も同様である。さらに、そこから生み出された技術が産業にもたらす巨大な恩恵をめぐって財界の関与も続いてきた。もの造りを国是、国家の産業基盤とした日本の戦後史は、一面で科学と技術の発達史とも呼びうるものなのである。そのなかに、今回のＳＴＡＰ論文捏造事件をなるべく正確に位置づける。私は本書を書くに当たって、そのことをひたすら念頭に置いた。

そのためには、理研と小保方晴子を取り巻く環境を仔細に眺め、点検する作業がどうしても必要であった。彼女を祭り上げ、とことん利用しようとした面々の名前は、大方、本書の中で書き記すことができたと思っている。

原子力産業が、科学分野における、金を生み出す基幹産業たり得なくなった現在、それに取って代わる次世代の錬金術マシーンのエンジン役を再生医療が担うことになった。こうした構造の大転換のなかで起こった事件がＳＴＡＰ細胞捏造事件である。小保方というひとりの科学者を破滅させた背景世界を浮き彫りにできたとすれば、本書を上梓した目的はほぼ達せられたといってよい。

最後に、本書に登場して頂いた関係者に深く御礼を申し上げる。実名でコメントをお寄せくださった研究者の皆様、匿名で情報をもたらしてくださった方々のおかげで本書は成立した。

小畑峰太郎

二〇一四年一〇月

ＳＴＡＰ細胞論文捏造事件関連年表

〈１９９８年〉

東京女子医科大学教授・岡野光夫が大和雅之と出会い、同大学研究施設の助手として採用

〈２００１年〉

5月9日　岡野、医療ベンチャー企業セルシード社を設立

〈２００６年〉

早稲田大学修士課程に籍を置いていた小保方晴子、専攻を再生医療に変更。この頃から大和の指導を受けるようになる

〈２００８年〉

4月　岡野、東京女子医科大学・早稲田大学連携先端生命医科学研究教育施設（ＴＷＩｎｓ）を設立。自ら初代施設長に就任

9月　小保方渡米し、大和の仲介によりハーバード大学関連病院の医師チャールズ・ヴァカンティの下で研究を始める

〈２０１０年〉

4月　帰国した小保方が理化学研究所・若山照彦（現・山梨大学教授）研究室に入る

〈２０１１年〉

11月　この時期に小保方「ＳＴＡＰ細胞」の作製に成功したとされる

〈２０１２年〉

4月　小保方と若山、ヴァカンティと連名で英科学誌ネイチャーに論文投稿するも、掲載却下

10月　山中伸弥京都大学教授、ｉＰＳ細胞の発見でノーベル生理学・医学賞を受賞

12月　理研・竹市センター長が笹井芳樹に小保方の論文作成指導を依頼

〈２０１３年〉

1月　安倍晋三首相、理研発生・再生科学総合研究センター（ＣＤＢ）を視察。野依良治理事長とともに笹井が首相を案内する

3月　安倍首相、ＴＷＩｎｓを視察。岡野が案内を務める

小保方、理研の研究ユニットリーダーに就任。ネイチャーに論文を再投稿

4月　笹井がＣＤＢ副センター長に就任

4月24日　ハーバード大学関連病院、東京女子医大、理研の「連名」で「ＳＴＡＰ細胞」の国際特許を出願

8月13日　資金不足による経営危機に陥っていたセルシード社、第三者割当によりＵＢＳ証券から三四億円余

のファイナンスに成功

〈2014年〉

1月28日　小保方、記者会見でSTAP細胞論文のネイチャー掲載を発表
30日　STAP細胞論文がネイチャーに掲載される
2月上旬　論文の画像について不自然だという指摘が相次ぎ、論文は捏造だと囁かれるようになる
18日　様々な疑義を受け、理研が調査委員会を設置
3月5日　理研、STAP細胞作製のためのプロトコルを公表。同時にSTAP細胞には白血球に特有の遺伝子再構成が見られないと論文の根幹を揺るがす事実を発表
10日　論文共著者の一人である若山が論文撤回を呼びかける
18日　若山、自らが研究室で保存していたSTAP幹細胞の遺伝子解析を第三者機関に依頼
4月1日　理研調査委員会が調査の最終報告書を公表。論文の不正を認定
8日　小保方、調査結果について不服を申し立て、再調査を要請
9日　小保方、記者会見に臨み不正を否定し論文撤回に応じないと発言
16日　笹井会見。「STAPが存在しなければ説明できない現象がある」
岡野の後任として大和が女子医大先端生命医科学研究所長に就任するも、所在不明に
5月7日　小保方の代理人が実験ノートの一部を公開。そのあまりに雑駁な内容が物議を醸す
8日　理研調査委員会、再調査を行わないことを決め、不正認定が確定
6月3日　小保方、論文撤回の同意書にサイン
12日　理研上級研究員・遠藤高帆ら、遺伝子解析の結果STAP細胞とされる細胞はES細胞である可能性が高いと理研改革委員会で指摘
12日　理研改革委員会が会見。CDBの解体や上層部の交代などを提言
16日　若山、研究室で保存していたSTAP幹細胞とそれを作製するために使われたマウスの遺伝子が一致しないことを発表
30日　理研、小保方がSTAP細胞の検証実験に7月1日から参加すること、論文のさらなる疑義について新たに予備調査を開始することを発表
7月1日　理研プロジェクトリーダー高橋政代がツイッターで「理研の倫理観にもう耐えられない」と発言
2日　ネイチャー、STAP細胞論文を取り下げる
27日　STAP細胞論文捏造事件を検証したNHKスペ

シャルが放送される

8月5日　笹井、CDB内で自殺

9月中旬　ヴァカンティ、「STAP細胞」が簡単に作製できると論文に記したのは「大きな間違い」だったと研究室のホームページに記載

10月7日　早稲田大学、大学側が提案した条件を満たさない場合は小保方の博士号を取り消す方針を発表

本書は「新潮45」（2014年4月号〜9月号）に掲載されたものです。なお、単行本化にあたり加筆・改稿を施しました。

著者
小畑峰太郎（おばた・みねたろう）
1960年北海道札幌生まれ。慶應義塾大学文学部卒。出版社で月刊総合雑誌と単行本の編集に携わった後、ライターに。

STAP細胞《さいぼう》に群《むら》がった
悪《わる》いヤツら

発行 2014.11.25
3刷 2015. 2 . 5

著者 小畑峰太郎《おばたみねたろう》

発行者 佐藤隆信
発行所 株式会社 新潮社
〒162-8711東京都新宿区矢来町71
電話 編集部 03-3266-5611
読者係 03-3266-5111
http://www.shinchosha.co.jp

印刷所 大日本印刷株式会社
製本所 株式会社大進堂

乱丁・落丁本は、
ご面倒ですが小社読者係宛お送り下さい。
送料小社負担にてお取替えいたします。
価格はカバーに表示してあります。

ISBN978-4-10-336911-0 C0095

農業超大国アメリカの戦略
TPPで問われる「食料安保」
石井勇人

圧倒的な農業生産力で世界を制するアメリカ。政府、大学、研究機関、種子から流通、農機などの民間企業を徹底解剖し、TPP交渉での日本市場への狙いに迫る。

日本最悪のシナリオ 9つの死角
財団法人 日本再建イニシアティブ

福島原発事故で浮かび上がってきたのは、国家レベルの危機に対して脆弱な日本の姿だった。想定しうる国家的危機のシナリオを挙げ、この国の問題点をあぶり出す。

原発メルトダウンへの道
原子力政策研究会100時間の証言
NHK ETV特集取材班

官僚、研究者、電力会社やメーカーの重鎮など「原子力ムラ」の住人が長年開いてきた極秘会合「原子力反省会」の録音テープや新証言から、福島原発事故の本質を探る。

証言 班目春樹
原子力安全委員会は何を間違えたのか？
岡本孝司

日本の原発の安全規制は、三〇年前の技術水準に過ぎなかった。原子力安全委員長として福島原発事故への対応に当たった班目春樹氏が語る「日本の原発」への最終警告。

ドキュメント **東京大空襲**
発掘された583枚の未公開写真を追う
NHKスペシャル取材班

67年間も封印されてきた極秘ネガには、東京大空襲の惨状と対日攻撃の実相が余すところなく記録されていた——。超一級資料と証言で解き明かす、衝撃の戦争秘話!!

アップルvs.グーグル
どちらが世界を支配するのか
フレッド・ボーゲルスタイン
依田卓巳 訳

次世代の覇権を賭け、IT業界の巨人同士が激突。両社のキーパーソンの証言をもとに、苛烈なドッグファイトの全貌をリアルに描いた注目のインサイド・ドキュメント。